北京郊区农民技术采用状况及影响因素研究

◎ 靳淑平　王济民　著

中国农业科学技术出版社

图书在版编目(CIP)数据

北京郊区农民技术采用状况及影响因素研究／靳淑平，王济民著.
—北京：中国农业科学技术出版社，2014.11

ISBN 978 – 7 – 5116 – 1763 – 7

Ⅰ.①北…　Ⅱ.①靳…②王…　Ⅲ.①农业技术推广 – 研究报告 –
北京市　Ⅳ.①S3 – 33

中国版本图书馆 CIP 数据核字（2014）第 164864 号

责任编辑	穆玉红
责任校对	贾晓红

出 版 者	中国农业科学技术出版社
	北京市中关村南大街 12 号　邮编：100081
电　　话	（010）82106626（编辑室）（010）82109702（发行部）
	（010）82109709（读者服务部）
传　　真	（010）82109707
网　　址	http：//www.castp.cn
经 销 者	各地新华书店
印 刷 者	北京富泰印刷有限责任公司
开　　本	787mm ×1 092mm　1/16
印　　张	8
字　　数	120 千字
版　　次	2014 年 11 月第 1 版　2014 年 11 月第 1 次印刷
定　　价	25.00 元

前　言

　　科学技术是第一生产力，是当代经济社会发展的决定性力量。但科学技术本身只是潜在生产力，只有把科技成果运用于生产实践才能转化为现实生产力，促进社会的发展与进步。《北京城市总体规划（2004—2020 年）》提出发展都市型现代农业，农业新技术推广应用将不可替代地成为推动发展的主要力量。本书作者以农业推广的经典理论和诸多专家学者对农技推广研究为基础，通过问卷调查形式，对北京郊区的顺义、大兴和密云 3 个区县进行了实地访谈，对农民个体情况、推广服务情况、新农村建设以及种植和养殖方面诸多环节的技术采用情况进行了客观的描述与评价，并运用统计方法对农民从事种植业、养殖业 7 个关键技术环节（如品种、打药、施肥、秸秆处理、饲料、防疫、养殖设施）的 11 个影响因素（户主文化程度、户主年龄、家庭收入、家庭劳动力、新闻媒体、农民合作组织、培训形式、参加培训次数、入户指导次数、农村环境、农民业余文化生活）进行了较为深入详细的分析，得出相应的结论并提出政策建议，为北京市的农业经济发展和科技进步提供决策咨询。

　　本书介绍的主要研究成果如下。

　　农业技术推广是通过实验、示范、干预、沟通等方式组织与教育农民学习知识、转变态度、提高采用和传播农业新技术的能力，以改变其生产条件，提高产品产量，增加收入，改善生活质量。农业推广理论主要包括农业创新扩散理论、协同学原理等，与行为学理论、公共产品理论相联系。农民采用新技术是受到内、外部因素的影响的复杂过程。内部因素主要包括户主文化程度、户主年龄、家庭收入、家庭劳动力等；外部因素主要包括新闻媒体、农民合作组织、培训形式、参加培训次数、入户指导次数、农村环境、农民业余文化生活等。

调查结果表明，农户在良种选用、施肥方式、饲料配方、疫苗注射、畜舍的选址和功能分区、粪污处理设施等方面技术采用情况较好，但食品安全和环境保护技术采用方面存在如下突出问题：化肥施用比重大、50%的农民对秸秆进行焚烧、50%的农民未掌握人工授精技术。由于农户主要采用购买添加剂预混料和依靠兽医开方的方式，大多数农民不知道禁用添加剂和限用添加剂、90%以上的农户不知道禁用兽药和限用兽药，且无用药记录。66%的还是简单型畜舍，60.7%的人未建造粪污处理设施等。

农技推广部门向农民传播技术的力度较大，农民在畜种购入、防疫、粮食及蔬菜良种的购入、作物病虫害防治等方面都很依赖推广员和农技部门。同时，农技部门在蔬菜、养殖等方面的知识对农民进行了大量的培训与讲解，增强了农民的实践能力。但基层科技推广人员工资低、待遇差、在岗人员专业不对口、青年骨干人员少，缺乏足够的推广经费和必要的物质条件，使推广工作效率和推广效果受到一定影响，科技推广后劲不足。

内部影响因素中，文化程度对配种技术、养殖设施技术也呈正影响；家庭收入对配种方式、畜舍技术呈正影响；劳动力年龄对打药次数、配种技术选择、先进畜舍选择呈负影响；家庭劳动力数对秸秆的处理方式、施肥方式呈正影响，但家庭劳动力数对配种方式呈负影响，家庭劳动力多，采用新型配种技术和了解新型畜舍建造知识越少。文化程度高、收入高、年龄小的农民对养殖业相关技术掌握较好，家庭劳动力多的农户对种植业相关技术掌握较好。外部影响因素中，培训次数对蔬菜打药次数、蔬菜施肥方式、畜舍质量呈正影响；入户指导次数对蔬菜施肥方式呈显著正影响；入户指导、现场指导、集中听课对人工授精、畜舍建造、粪污处理都有正面影响；农村环境（对基础设施的满意度）对养殖技术的采用呈正影响。

尽管目前北京市在农业生产水平、农业和农村基础设施、农业科技研发、农民收入以及农民素质等方面均处于全国先进水平，但农民对农产品质量和农村环境保护技术采用的低下，将会对北京都市型现代农业发展构成较大威胁，加大农业科技推广体系建设，强化农产品质量和农村环境保护技术的推广将成为北京市农业发展中农业技术推广必须关注的环节和任务。今后，北京市农业技术推广要以科学发展观为指导，加快实施科技兴农战略；围绕北京农业布局的整体规划，合理确定推广目标和工作内容；加大投入，强化乡镇推广职能；制定有效的行动方案，强化农产品质量安全的推广工作；结合化肥施用和秸秆处理，切实抓好农村环境保护工作；运用现代科学技术，加速农村信息化建设；针对农民技术需求，及时调整推广策略；搞好农村文化教育事业，提高农民整体素质。

在项目研究和本书编写过程中，得到了中国农业科学院农业经济与发展研究所（以下简称为农经所）吴敬学研究员、王秀东副研究员、李锁平研究员和刘静研究员、中国农业科学院农业资源与农业区划研究所宋永林副研究员和作物科学研究所田志国副研究员的大力支持，他们提出了很多好的建议与技术指导；在数据收集过程中，得到了农经所畜牧研究室刘春芳教授的大力支持，在此特向他们表示诚挚的感谢。同时还要感谢农经所办公室主任栾春荣和黄瑞瑞、李同力、李志明、姚瑾4位老师在本项研究中给予的帮助。恳请广大读者对本书提出宝贵意见。

作者

2014 年 6 月

目　　录

第一章 绪 论

第一节 研究背景及意义

科学技术是生产力，是当代经济社会发展的决定性力量。但科学技术本身只是潜在生产力，只有把科技成果运用于生产实践，才能转化为现实生产力，促进社会的发展与进步。近年来，随着我国国民经济的快速发展，尽管粮食连年丰收，但粮食增产的难度越来越大。与此同时，国外农产品价格变化对我国农产品市场的影响也越来越显著。努力增加粮食等主要农产品有效供给，是对农业科技推广工作提出的巨大而又迫切的需求。此外，国内化肥等农业生产资料价格大幅上扬，加上运输费用以及劳动力成本也不断上升，农业特别是种粮比较效益偏低的问题日益突出，这对农业和农村经济可持续发展构成了巨大威胁。大力加强农业科技推广工作，对节约农产品生产成本、增加农民收入和转变农业发展方式具有十分重要的作用。

农业的发展，既要靠政策，也要靠科技和教育。在农业新技术推广的过程中，科学技术是源头，农民是科学技术的接收者，政府、技术推广机构和推广人员的目标是一致的——即让现代农业新技术扩散到农民身上。农民作为生产要素之一，在农业生产中的地位是极其重要的，其他的生产要素只有通过农民的行为才能得到合理的配置与利用。同时，农民也应是技术创新的主导者，市场经济条件下农业技术创新与应用的最终用户应该是农民，因为他们在生产第一线，对农业生产中发生的各种问题最有发言权，要充分发挥他们的主观能动性，不仅能接受新技术，还要产生对新技术的有效需求，只有农民充分掌握了现代农业新技术并自觉运用它，才能创造最大价值，农业才能发展，农村经济才能壮大。

长期以来，我国农技推广体系在推广应用农业新品种和先进适用技术方面发挥了重要作用。随着农业农村经济的持续快速发展，迫切要求农技推广在保障农产品质量安全、保护农业生态环境、提高农民素质、落实国家强农惠农政策等方面要发挥越来越重要的作用。但很多农技推广机构沿袭老思路、老办法，过去计划经济时期推行的完成上级布置任务、从上到下的推广方式还继续主导着推广工作，较少顾及农民的需求和接受能力，致使公益性技术服务不到位，与农业产业需求处于"两张皮"状态。近年来，随着工业化、城镇化的快速发展，农业生产方式和农民就业结构发生了很大变化，务农劳动力老龄化和低素质化加剧，对农业新技能、新成果的接受能力逐渐弱化，导致农技推广工作难度越来越大。同时，随着我国社会主义市场经济体制的不断完善，农民生产经营自主权和产品处置权得到尊重和保护，农民对科技多样化、个性化的需求越来越迫切，要求农技推广进一步提升服务能力、丰富服务手段、创新服务形式、完善服务功能、增强服务效果。

北京作为全国政治、经济、文化和科技中心，聚集有多所农业高校和农业科研机构，是农业知识密集区，有着极为丰富的农业科技资源。《北京城市总体规划（2004—2020 年)》提出，要结合北京的优势和特色，实现郊区农业可持续发展，拓展都市型农业功能。为了实现这一目标，先进的农业科学技术将不可替代地成为发展先行力量，科技推广必将被作为重中之重的任务来抓。在此背景下，关注农民在农技推广中的技术采用情况，揭示农民在学习运用新技术时的影响因素，可为今后进一步加强农技推广工作提供参考。同时，通过该项研究，可以掌握京郊农民在采用新技术时哪些因素在扮演着何种角色，以及针对消极角色应采用何种推广方式去解决，这将对北京今后更好地提高农业技术成果转化率和应用技术水平，加快农业科技进步，进而推进现代农业的进一步发展有着重要的现实意义。

第二节 国内外研究现状

一、影响农民采用新技术的因素

舒尔茨（1999）在其经典性著作《改造传统农业》中认为，在研究农民采用新技术时有 3 个问题非常关键，即农户对新农业生产要素的接收速度、对新要素的寻求和学习使用。舒尔茨在对农业新生产要素接收速度进行分析时，认为有利性的差别是解释农业生产要素接收速度的有力解释变量，还认为，制度也是影响农民接收速度的重要变量。

国内农业经济学家对农民采用新技术的问题也展开了广泛的研究，提出了诸多见解，很多学者将影响新技术采纳的因素归纳为农民的文化水平、市场利益激励、经营规模、组织化程度和政策诱导等。尹丽辉（2000）还提出农民的科技素质的问题；余海鹏等（1998）、张改清等（2002）都提出农户科技需求不足主要是由于农业技术供给与农户科技需求之间缺乏有效的信息沟通机制，同时，余海鹏等（1998）还提出农民科技需求不足还与缺乏高质量的适用技术成果有关。高启杰（2000）将影响因素更加细化，分为阻碍力和驱动力，阻碍力包括传统的价值观与信仰、生产资源短缺、技术水平较低、文化程度不高、经济状况落后和市场信息不足等，驱动力包括经济发展的要求、现代技术的采用、先进的推广服务、各种机会的增多、政策环境的改善和对外联系的加强等。无论是阻碍力，还是驱动力，都来自农民本身及其环境两个大的方面。前者即内因，主要包括农户年龄、性别、知识水平、经营能力、沟通行为特征等，后者即外因，主要有技术供给、推广服务、信贷条件、社会组织、政策法律、基础设施、产品运销等。

常向阳等（2005）通过实证分析认为，中国各省（市、区）在农业技术采用上存在差异；要素禀赋对技术选择具有重要影响；农业技术选择对农业生产具有显著影响，且相对增加机械投入对农业生产具有正效应；单位耕地面积劳动力投入量和化肥投入量对农业生产都具有正效应。张舰等（2002）通过对实证调查数据的综合分析，建立分析模型，得出：年龄、地区差异和户主从事非农业程度在大棚技术采用的过程中具有较显著的影响。农民越年轻越倾向于采用新技术；户主从事非农业程度越高，越不愿采用新技术；地区差异对大棚采用有显著影响。

二、新技术的推广方法

管红良等（2005）通过调查发现，在 11 种推广方法中，农民

4

采用新技术时使用较多的是"农户访问"、"示范"、"咨询"、"媒体广播"和"现场观摩"等几种，并随着新技术阶段的不同而采用不同的方法，比如：以"媒体广播"、"咨询"和"农户访问"是认识阶段的主要方法，通过各种场合迅速扩散新技术的相关信息让农民认识；兴趣阶段则主要以"农户访问"、"媒体广播"、"咨询"和"现场观摩"等方法为主，以激发农民对新技术的兴趣；评价阶段的方法主要以"示范"、"农户访问"和"咨询"等为主，已达成农民对新技术的共识；试用和采用阶段主要是"示范"和"农户访问"方法，对采用新技术的农民及时进行指导，及时沟通，发现问题及时解决。同时他们还提出，虽然农民文化素质不同采用新技术时选择自己喜欢的推广方法也不完全一致，但各种文化程度的人均喜欢"农户访问"和"示范"这类推广方法，因为这些方法是推广员和农民面对面交流，手把手传授，有利于农民将新技术迅速应用于生产实践之中，达到推广的效果。

三、国内推广模式

郑文琦（2008）提出了一种新的技术外包模式，农业技术推广机构通过将一些与技术市场信息紧密相关的环节进行外包，由部分信用较好、实力较强的企业或机构进行审查或试验之后再进行购买，可以在很大程度上解决技术市场中的逆向选择问题。同时，由于外包模式使更多的企业和社会团体参与到农业技术推广过程中，提高了农业技术推广过程的市场化程度。

范素芳等（2008）介绍了宝鸡市组建农业科技专家大院的先进经验，该模式集农业科研、试验、示范、培训、推广于一体，服务农业和农民，为加速农业科技向科技农业转化搭建了一个综合平台。

李世峰等（2008）谈了"农业科技入户"的实践与体会，一是通过组织科技人员深入生产第一线，实现"科技人员直接到户"、"良种良法直接到田"、"技术要领直接到人"；二是培育和造就一大批思想观念新、生产技能好、既懂经营又善管理、辐射能力强的农技示范户，发挥科技示范户的带动作用。

李人庆（2007）对科技特派员制度进行了详细的分析，科技特派员制度通过鼓励农村科技人员和各类专业人才下乡从事农村科技创业活动，通过"做给农民看、带着农民干、领着农民赚"和农民建立双向选择的利益共同体，自愿结合、利益共享、风险共担、共同创业、共同发展，使技术、成果、人才、资金直接与农村经济和产业发展相结合，从体制和机制上有效地解决科技推广与经济发展相互脱节的问题。

赵家华等（2005）对四川省攀枝花市采用的农民田间学校这一农业技术推广模式进行了总结，"农民田间学校"改变了中国传统的填鸭式、灌输式的培训方式，改为以农民为中心、田间为课堂、实践为手段，坚持参与式、启发式、互动式相结合的教学手段，通过在作物的一个完整生长季中进行多段式、全过程学习和针对性、参与式研究，使技术培训与应用、技术研究与推广紧密结合，从而使每个学员快速掌握技术。

吴远彬等（2007）提出，"农业科技110"是服务"三农"的有效途径。1998年，衢州市农业部门应用现代化的通讯工具和网络技术，在农村电话日益普及的情况下，根据农民的实际需求，借鉴"公安110"快速反应的形式，建立了"农业科技110"服务中心，为农民提供农业科技信息、农业技术难题解答、市场供需信息、专家坐诊等服务，为农业、农村、农民开展方便服务。

四、国外推广模式

宋秀琚（2006）认为，目前，国外普遍存在着 4 种农业科技推广模式：一是以以色列为代表的政府农业部门为主体、其他的农业技术推广部门处于辅助和补充地位的推广模式，农民处于受动地位；二是以美国为代表的以大学（农学院）为中心的推广模式，充分利用社会资源，形成了"教育—科研—推广"三位一体的模式，政府转移了农技事业中的技术部分，而专心于从政策和宏观上把握国家的农业科技发展方向；三是以日本为代表的以农民合作组织为纽带的农业科技推广模式，日本农协得到日本政府的大力扶助，也得到农户的信任，农协的农技推广服务贯穿于农业的产前、产中和产后全过程；四是商业化的农技推广模式，其最大特点是逐利性、针对性很强，现代农业大国强国和新兴农业国家都或多或少地采用了此模式推广农业科技。商业市场化农技推广模式一般存在两种方式：第一种是融资手段市场化；第二种是推广途径公司化。

五、文献评述

从文献综述中可知，以往关于影响农业技术推广应用的因素相关研究主要集中在两个层面：一是宏观层面上的研究，这方面的研究很多，既涉及国家推广体系变迁、存在问题以及未来对策，也涉及国内外模式介绍；二是从微观层面研究影响因素问题，多是针对某一项或某几项因素对生产的影响，涉及影响生产中各项关键技术环节较少。在农民技术采用决定因素方面，学者们把这些因素归纳为农民的年龄、文化程度、收入状况、推广机构和人员、国家对推广工作的相关政策等。关于推广方法，学者们提出不同地区、不同农民个体和不同阶段，新技术的推广和应用方法不同。以上中外学者的研究结果为本文研究提供了一定的基础，起到了积极作用。本文将在前人的基础上，对农户在农业技术推广应用中的技术采用情况及影响因素进行研究，以期达到预期效果。

第三节　研究目的、内容、方法及思路

一、研究目的

本文研究的主要目的，在于分析北京郊区农民在种植业（粮食、蔬菜）、养殖业各关键技术环节采用农业技术的需求与现状，揭示当地农民学习采用新技术的主要影响因素，探索进一步完善农业科技推广与应用体系和提高农业科技转化率的有效途径。

二、研究内容

全文共分六个部分，具体如下。

第一部分，绪论。主要介绍研究背景、研究目的和意义、研究框架和方法、文献回顾、论文的创新和不足之处。

第二部分，相关理论分析。主要介绍推广理论、行为理论及公共产品理论等，为下一步展开研究奠定理论基础。

第三部分，农民技术采用现状分析。主要描述问卷设计情况和调查内容，深入分析京郊农民在种植业（粮食、蔬菜）和养殖业各关键技术环节采用新技术的现状，并对现有农业推广工作的效果进行评价。

第四部分，农业新技术采用的内部影响因素分析。主要对调查结果进行统计分析，以农民的年龄、农民的受教育程度、农户的家庭收入及家庭劳动力情况等为主要影响因素，统计分析这些因素对新技术采用的影响。

第五部分，农业新技术采用的外部影响因素分析。主要对调查结果进行统计分析，以新闻媒体、农民合作组织、推广服务以及新农村建设等为主要影响因素，统计分析这些因素对新技术采用的影响。

第六部分，对全文进行概括总结，形成主要结论，提出对策建议。

三、研究方法

1. 文献综述法

在借鉴国内外农业推广领域诸多专家学者的研究成果的基础上，分析其优势和不足，作为本文研究理论与研究方法的指导。

2. 实地调查法

通过设计调查问卷，在北京郊区（顺义区、大兴区、密云县）选择 5 个乡镇对农业推广机构和当地农民进行实地访谈，以获取第一手资料；同时也参考了统计年鉴以及一些公开发表的论著或论文中的资料。

3. 统计分析方法

应用适当的统计学分析方法，分析影响农民采用新技术的内外因素对技术采用状况的影响，找出制约农民采用新技术的主要因素。

四、研究思路

第一，针对提出的问题进行相关理论学习和了解国内外研究现状，为开展研究提供一定的理论依据和参考。

第二，在充分分析研究背景的基础上进行研究设计，明确本文的研究目的与研究内容、研究方法。

第三，通过农民个体访谈和问卷调查的形式获取一手数据，对调查样本在种植业（粮食、蔬菜）、养殖业方面各关键技术环节技术采用现状及技术推广效果进行描述性分析。

第四，应用统计分析方法，揭示内部因素和外部因素对农民新技术采用的影响。

第五，通过以上的现状描述与因素分析，得出研究结论，并提出相应的政策建议。

研究路线见下图所示。

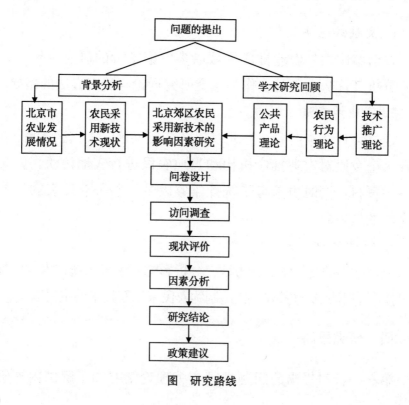

图　研究路线

第四节　本文的创新和不足之处

本文的创新点主要表现在两个方面：一是对北京郊区农民技术采用状况进行了较为全面的调查与分析，具体为农民基本情况、农业技术采用情况、推广培训情况和新农村建设情况等，通过调查与分析，及时总结经验，发现问题；二是对农民从事种植业、养殖业关键技术环节（如品种、打药、施肥、秸秆处理、饲料、防疫、养殖设施等）的影响因素进行了深入详细的分析，找出影响农民采用新技术的因素所在，并提出相应的建议。

本文的不足之处概括起来主要如下。

由于资金和时间的限制，本研究仅选择北京的少量乡镇开展调查，因而存在调查点不足，布点不广，样本不多，代表性有限等问题，可能会在一定程度上影响对更大范围区域的解释作用。一些数据的获得部分需要农户进行回忆并确认，不排除存在某种程度偏差。

第二章 相关理论分析

第一节 技术推广理论

一、农业推广

农业推广是通过实验、示范、干预、沟通等方式组织与教育农民学习知识、转变态度、提高采用和传播农业新技术的能力，以改变其生产条件，提高产品产量，增加收入，改善生活质量，从而达到培养新型农民、促进农村社会经济发展的目的。农业推广分为以下内容。

1. 狭义的农业推广

即把大学和科研机构的研究成果通过合适的方式传授给农民，使农民获得新知识和新技能并在生产中采用，从而增加产量和收入。其主要手段是技术指导，核心是改良农业生产技术、提高农业生产水平。长期以来，我国沿用的农技推广概念即为狭义的农技推广，如《中华人民共和国农业技术推广法》（1993 年 7 月 2 日，第八届全国人民代表大会常务委员会二次会议通过）中涉及的农业技术推广概念。

2. 广义的农业推广

指除推广农业技术外，还包括组织、教育、培养进步农民及改善农民生活质量等内容。广义的农业推广的范围更为广泛，以农民为核心，以满足农民的实际需求为主要工作内容，以提高农民的综合生活质量为目的。

二、农业创新扩散理论

创新的扩散是农业推广的一个核心问题，罗杰斯（Rogers）认为，创新的扩散是某项创新在一定的时间内，在某一社会系统的成员之间，通过一定的渠道被传播的过程。

农业创新的扩散是指一项创新由最初采用者或采用地区向外扩散到更多的采用者或采用地区，使创新得到普及应用。

扩散的过程包括四个阶段：一是突破阶段，应发挥农村中的先进农民（如科技带头人等）勇于创新的特点，用他们成功的经验带头，实现"突破"；二是紧要阶段，将创新成果由先进农民向早期跟随者扩散；三是跟随阶段，当看到创新的明显效果时，除了进步农民和早期跟随者外，被称为"早期多数"的农民也会积极参与，主动采用；四是从众阶段，创新已成为大势所趋，被整个社会广泛采用。

"S"形扩散曲线三大规律：一是阶段性规律，即投入阶段、发展阶段、成熟阶段和衰退阶段。农业推广学家也相应提出推广工作的 4 个时期，即试验示范期、发展期、推广期和交替期。二是时效性规律，即创新的使用寿命是有限的。因此，一项创新的推广应尽早组织试验与示范，加快发展期速度，尽快进入成熟期，并尽量延长成熟期的时间。三是交替性规律，鉴于创新寿命有限，新的科研成果又不断出台，推广工作者要在一项科技创新尚未出现衰退时就积极地引进新项目，保证创新的连续性。

影响农业创新采用与扩散的因素：第一是经营条件，经营条件较好的农民具有较高的文化素质、一定规模的土地、较雄厚的资金和较充裕的劳动力，他们对创新持积极态度。第二是农业创新本身的特点，包括技术本身的复杂性、适用性和可分性等。技术简便易行就容易推广；新技术与农业生产条件相适应且效益明显的容易推广；可分性大的如化肥、农药、作物新品种容易推广，可分性小的如技术设备就不易推广。第三是农民自身因素，包括户主的年龄、家庭关系等。第四是其他因素，包括人际关系、社会机构、社会价值观和政治因素等。

三、协同学原理

协同学理论认为，协同系统是由许多子系统组成，能以自组织方式形成宏观的空间、时间或功能有序结构的开放系统。根据协同学的理论和方法，我们可以把农业推广体系、农业推广过程当作一个系统加以分析和研究。

第一是农民与农业推广协同发展。随着农业推广的多元化集成的加快，农业专业合作社、农民田间学校、"农技110"等新型农技推广模式不断出现，我们可以充利用这些农民喜闻乐见的形式加强对农民的引导与培训，以提高农民的综合素质。

第二是政府与农业推广协同发展。农业是弱势产业，农民是弱势群体，政府应该支持农业的发展，如农村社区开发、农业环保、农民科技素质的提高、未来农民培养等问题，而正是这些因素制约了农业推广的速度和效率。

第三是大专院校、科研院所与农业推广协同发展。农业教育部门要应用人才培训、技术咨询、宣传示范、创办教学实验基地等方法，将农业技术传播出去。农业科研部门不仅要从事基础研究，还要针对农民的实际需要进行实用技术的研究。农技推广部门可根据熟悉当地农业生产情况、与农民联系直接的特点，将农业技术和科研成果迅速推广转化给农民。

第二节　行为学基本理论

一、行为产生理论

行为是人们在环境影响下所引起的内在生理和心理变化的外在反应。

1. 需要理论

该理论是美国心理学家马斯洛提出的，他把人类的需要按重要性和发生顺序划分为五个层次，第一层次是生理需要，第二层次是安全需要，第三层次是社交需要，第四层次是尊重需要，第五层次是自我实现需要。

2. 动机理论

动机（Motive）是行为的直接力量，具有以下特征：一是力量方向的强度不同。一般来说，越迫切的需要越能产生优势动机。二是人的目标意识的清晰度不同。人对特定目标的意识程度越清晰，产生推动行为的力量越大。三是目标的远近不同。远大目标可对人的行为产生持久的推动力。

二、行为改变理论

1. 态度改变理论

态度平衡理论认为，实践中的许多情况是农民因相信推广员而相信其创新的，在态度上对推广员和创新达成平衡，所以推广员在农民心里的印象是很重要的。

参与改变理论认为，个人参与群体活动可改变态度，进而改变其行为，达到推广效果。

2. 激励理论

行为激励也就是通常讲的调动人的积极性，是激发人的动机、使人产生行为冲动，向期望的目标前进的心理活动过程。期望理论认为，确定恰当的目标和提高个人对目标价值的认识可产生激励力量，即：激励力量（M）＝目标价值（V）×期望概率（E）

3. 行为改变一般规律

（1）行为改变的层次性　人的行为改变主要包括四个层次：第一个层次是知识的改变，第二个层次是态度的改变，第三个层次是个人行为的改变，第四个层次是群体行为的改变。这四个层次改变所需要的时间和难度是不同的（图 2－1）。所以要改变群体行为，要从第一层入手，即更新人的知识，有了知识就会改变对事物的态度和看法，态度改变了就会改变个体行为，大部分人

图 2－1　不同行为层次改变的难度及所需时间

的个体行为改变了，群体行为的改变也就成为可能了。

（2）农民个体行为的改变　改变农民个人行为的途径包括两个方面：一是提升动力。如根据需要选择成本低、效益好的推广项目，激发采用动机；加强宣传，改变态度；通过低息贷款、经费补助、降低税收等政策，鼓励农民采用创新。二是降低阻力。如：更新农民的知识、价值观和信念观，提高农民整体素质，这种阻力就会减少或被克服。

（3）农民群体行为的改变　群体行为与一般个人的行为相比，具有明显的差异性：①服从；②从众；③相容；④感染与模仿。群体中的带头人一般具有较大的感染性，所以在实践中应选择那些感染力强的农户作为示范户。

群体行为的改变主要有两种方式：一是参与性改变，就是让群体中的每个成员都能亲自参与制定活动目标、讨论活动计划，以获得有关知识和信息，学习知识和改变态度，有利于个体和整个群体行为的改变。这种改变持久而有效，适合于成熟水平较高的群体，但费时较长。二是强迫性改变，是一开始便把改变行为的要求强加于群体，如上级的政策、法令、制度等，在执行过程中使群体的行为加以规范和改变。这种改变方式适合于成熟水平较低的群体。

从上述理论分析看到，不论是农业创新采用与扩散理论、推广的协同学理论，还是农民行为改变理论，都体现了影响农民采纳新技术的内、外部因素，内部因素包括主要包括农民的文化知识素质、拥有的资金和劳动力规模、户主的年龄、家庭关系等；外部因素主要包括农业创新本身的特点、推广手段、政府的政策调控等，正是这些因素的影响，使得农民在农业新技术的接受和采用上呈现不同的速度和效率。只有针对农民自身特点，合理运用外部条件，才能使新技术更快更好地被农民采用。

第三节　公共产品理论

公共产品是指能够提供任意数量的使用者使用而不受到影响的产品，具有非排他性和非竞争性两大特点。非排他性是指这些产品的提供者无法通过消费者的付费与否决定他是否可以消费这些产品，如公共资源。非竞争性是指任何人对公共产品的消费都不影响其他人对这同一公共产品的消费，也不影响整个社会的利益。

一、公共产品的分类

关于公共产品的分类，如图 2－2 所示。

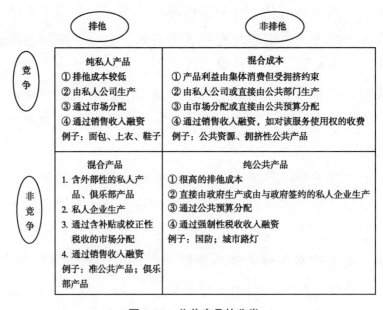

图 2－2　公共产品的分类

二、农业技术的经济学分类

根据上述讨论的排他性和竞争性等经济学概念，农业技术分为三类，第一类是公共产品，主要包括生产和管理技术，如农作物栽培管理、植物保护、动物养殖和防疫等；农业管理，如环境保护、相关法律与政策等；销售和加工信息，如大众产品价格与市场信息及加工技术、相关质量标准等。第二类是准公共产品，主要包括生产和管理技术，如特种作物种植（短期）、动物疫病防治等；销售和加工信息，如特殊产品价格与市场信息及加工技术等；销售和加工信息，如贮藏技术、包装技术、运输技术等；农业生产投入品，如非杂交品种种子，兽医兽药等。第三类是私人产品，主要包括农业生产投入品，如农业机械、农业化学产品（肥料、农药等）、动植物新品种、兽药等（表2－1）。

表2－1 农业技术的经济学分类

	排他性低	排他性高
竞争性低	公共商品（Public goods） ☞ 生产和管理技术：农作物栽培管理，植物保护，动物养殖和防疫等 ☞ 农业管理：生态环境保护，相关法律与政策等 ☞ 销售和加工信息：大众产品价格与市场信息及加工技术，相关质量标准等 ☞ 社区发展：农民合作组织的建立等	收费商品（Toll goods） ☞ 生产和管理技术：特种作物种植（短期），动物疫病防治等 ☞ 农业管理：投入品计划，预算，财务，组织管理等 ☞ 销售和加工信息：特殊产品价格与市场信息及加工技术等 ☞ 社区发展：农民合作组织管理等
竞争性高	普通大众商品（Common pool goods） ☞ 销售和加工信息：贮藏技术，包装技术，运输技术等 ☞ 农业生产投入品：非杂交品种种子，兽医兽药等	私人商品（Private goods） ☞ 农业生产投入品：农业机械，农业化学产品如肥料、农药等，动植物新品种，兽药等 ☞ 销售和加工装备：干燥、粉碎、贮藏、包装设备等 ☞ 农场管理技术装备：电子电器，通讯，实验室，计算机及其软件等

资料来源：Umali and Schwartz, 1994

相对应的农业推广公共与私人投资的制度安排（表 2 - 2）。从上述农业技术分类可看出，农业技术推广服务总体上来看属于公共产品和准公共产品的范畴，理应享受公共财政的大力支持，政府应从农民采用新技术影响因素入手，集中人力、物力、财力对主要影响因素加以解决，使新技术迅速为农民掌握。与此同时，政府也应充分发挥市场机制的作用，支持企业从事农技、化肥、农药和兽药等私人商品的经营与销售。

表 2 - 2　农业推广服务制度安排

服务提供部门		投资来源	
		公共财政	私人
		排他性低	排他性高
公共机构	竞争性低	免费的公共推广服务	公共部门收费推广服务
私人机构	竞争性高	资助私人部门提供推广服务	私人推广服务

资料来源：Kidd et al. ，2000

第三章　京郊农民采用新技术的现状

第一节　北京郊区基本情况

一、自然地理条件

北京市位于东经 115°25′至 117°30′，北纬 39°28′至 41°5′，位于华北大平原的北部，北接内蒙古高原，西邻黄土高原，地势西北高，东南低。总面积 16 807.8 平方公里*，其中，平原面积 6 390.3平方公里，占 38%；山区面积 10 417.5 平方公里，占62%。地貌类型多样，地域自然条件复杂，气候、植被、土壤呈有规律的垂直分布，适合多种经济作物生长。气候属于典型的暖温带半湿润大陆性季风气候，四季分明。常年平均气温在 13℃左右，年均降雨量 626 毫米，无霜期 180~200 天。北京平均日照时间 2 700小时，是一个太阳能资源（光能资源）较好的地区。

北京郊区行政区划为 3 个近郊区（朝阳、海淀、丰台），8 个远郊区（门头沟、房山、通州、顺义、大兴、昌平、怀柔、平谷），2 个远郊县（密云、延庆）。共 121 个镇、28 个乡、3 987 个

＊ 1 公里 =1 千米，全书同

行政村。北京郊区土地总面积为 1.58 万平方公里，占全市总面积的 94%，其中山区面积 1.04 万平方公里。

二、农民情况

1. 文化程度总体水平较高

在北京农村劳动力中，文盲所占比例较低，只占 2.1%，低于全国 4.45 个百分点，几乎扫除了文盲；初中、小学占了绝大多数，达 70%，高出全国近 15 个百分点；大专以上虽然为数不多，占 5.7%，但比全国高 4.5%。由此看到，北京市农村劳动力总体的文化程度是比较高的，这与当地的经济和科技发展水平较高、人们的收入和生活质量也处在较高水平上有关。

2. 农村劳动力年龄绝大部分集中在青壮年

从北京市农村劳动力的年龄构成上看，绝大多数是在 21~50 岁，占 73.1%，这对于成果推广、应用新技术非常有利，因为这个年龄段的人们年富力强，既有一定的文化知识铺垫，又有相当的生产实践，在一定程度上能克服农民自身存在的保守、不敢抵制风险的弱点，能对新技术、新工艺进行客观的评价，便于推广工作的顺利开展。

3. 人均纯收入高，工资性收入占人均纯收入比重较大

从人均纯收入来看，北京市为 9 439.63 元，全国为 4 140.36 元，北京为全国的 2.28 倍。从人均纯收入的构成情况看，北京的工资性收入为 5 605.65 元，占全部人均纯收入的 59.38%；家庭经营收入为 2 303.72 元，占全部人均纯收入的 24.4%。说明北京的农村劳动力的收入主要来源是工资收入；全国水平的工资性收入为 1 596.22 元，占人均纯初入的 38.55%，家庭经营收入为

2 193.67元，占 52.98%，说明在全国范围内农村劳动力收入的重要来源是农户家庭收入，工资性收入所占比重较低。

4. 乡村人口比例低，人均耕地占有量少

北京市的乡村人口是 253 万人，占全市总人口的 15.5%，低于全国 55.06% 近 40 个百分点；从人均耕地数看，北京市人均只有 0.09 公顷*，而全国是 0.17 公顷，几乎相差 1 倍。

三、农牧生产情况

（1）玉米、蔬菜及果园的种植面积大。从大田作物看，玉米种植面积最大，达 139 千公顷，占总播种面积的 47.12%，比全国高出 28 个百分点；其次是小麦，种植 41 400公顷，占 14.03%，与全国持平；种植最少的是水稻，只有 500 公顷，占 0.17%，低于全国 18.64 个百分点。近几年随着都市农业的进一步发展，北京的蔬菜、果园面积明显增加，2007 年蔬菜种植 70 100公顷，占农作物播种面积的 23.76%，高出全国 12 个百分点；果园面积 74 300公顷，占 25.19%，高出全国 18 个百分点。

（2）小麦、玉米、蔬菜的单产较高。大田作物中小麦的单产为 4 931公斤/公顷，玉米单产为 5 507.1公斤/公顷，均高出全国 300 多公斤；蔬菜单产更高，为 48 517.1公斤/公顷，高出全国 16 357公斤，高出近 50%，充分显示了发展设施农业的效果。

（3）牧业产品产出效率较高。每头存栏奶牛年产奶量为 3.816 吨，是全国水平的 1.32 倍；每头存栏肉猪年产肉量为 0.133 吨，是全国水平的 1.37 倍。

---

* 1 公顷 =10 000 平方米，1 公斤 =1 千克，全书同

（4）机械化水平较高，人均占有大中型农业机械多，小型农机具占有少。在农用大中型拖拉机的使用上，人均占有 3.12 台/千人，比全国水平高 0.3 台；在大中型拖拉机配套农具的使用上，人均占有 5.86 台/千人，比全国水平高 1.6 台。而小型拖拉机的占有相对较少，人均占有量为 12.68 台/千人，低于全国水平近10 台。

第二节　调查样本基本情况

一、问卷设计与调查内容

为全面了解北京市农业科技推广的基本情况，分析当前基层农业科技推广工作面临的问题和任务，更进一步开展高效率的技术推广工作，我们的调查内容较为丰富，包括农民家庭基本情况、农业生产、技术获得和应用情况、农民的科技需求及农村人文环境建设等诸多方面。同时，以座谈的形式对乡镇农业推广机构的人员配备、经费运转情况及农业科技推广模式等问题进行了深入调研。

1. 调查点及样本选择

本研究以北京市顺义、大兴和密云 3 个区县 4 个乡镇的 143 户进行了实地调查，这 3 个地区分别代表了北京郊区高、中、低 3 个层次的经济发展水平，以种植粮食、蔬菜和畜牧养殖为主，可以较为全面客观地描述北京郊区种植业、养殖业生产技术采用与推广的现状和问题。

2. 调查对象的选择

从横向看，本文选取了粮食种植、蔬菜种植和畜禽养殖 3 个产业，因为这三个产业是当地的经济支柱，种植面积大、从业人员多，对该地区农业经济的贡献大；当地农技推广部门也对此三业较为重视，推广投入也相对较大。从纵向看，选择了种植、养殖业几个关键技术环节，如良种选用、病虫害、水肥管理、配种方式、疫病防治等。

3. 问卷设计及调查内容

笔者在设计问卷时，根据研究目标和分析框架，认真听取了导师和有关专家的意见，并同有关职能部门的领导对问卷数据的可得性进行了广泛的交流。本次调查主要通过询问农民在农业生产中的技术应用情况来获得调查样本数据。将预先假设一些影响因素以访谈的形式灵活运用到问话中，以选择题的形式进行选择回答，这样既简单也不会使被调查人感到紧张，不说出真实情况。这些影响因素包括：农民的性别、年龄、受教育情况、家庭人口及职业分布、家庭收入及构成、电子设备、受培训情况、住所的地理环境、城镇建设、文化生活、推广机构的人员及经费保障情况、村合作经济组织建设等。调查内容主要分 4 个方面：农民的基本情况、农业生产中技术采纳与应用情况、推广与培训情况及新农村建设等情况。

4. 调查方法

笔者深入到田间地头，对农民进行访谈调查，所得数据真实可靠，有代表性。

5. 调查数据

从本章至以后章节图表中数据如无特殊说明均为根据调查数据整理而得。

二、劳动力情况

农业劳动力中，种地农民40岁以上的偏多。调查样本绝大多数以从事种植业为主，即使是从事养殖业，也是兼营种植业，专门从事养殖业的农民为数很少。农业劳动力占总人口的61.1%，其中，常年在家种地农民年龄在18～39岁的占19.2%，40～59岁的占73.2%，60岁以上的占7.5%（表3－1）。北京郊区（县）的菜农大多数都是50岁以上的人，他们在为郊区未来的农业生产而担忧，因为家里的年轻人对农活根本没兴趣也不愿意学。

表3－1　调查农户劳动力年龄分布　　　　　　　　　　单位：人

总人口	农业劳动力	其中：务农劳动力				
		小计	18～39岁	40～49岁	50～59岁	60岁以上
502	307	265	51	119	75	20
百分比	61.1	86.3	19.2	44.9	28.3	7.5

三、农业技术采用情况

1. 良种采用情况较好

在养殖业中，调查样本以养猪为主，猪的品种大都是长白、大白、杜洛克、大约克等。在种植业中，小麦品种主要是9428和烟农19，玉米品种主要是农大84、农大108、农大189、京玉7号、纪元1号和中单28等，除农大108属濒临淘汰品种外，其他品种均采用良好。

在种植业中，农民购买商品种子的比例很高，其中，购买来自农技站或种子公司的农户占68.6%，在集贸市场购买的占8.9%，自留种的占20.9%，与邻居串换的占1.5%。在养殖业中，从畜牧站或良种繁育场购买的占40%，从集贸市场购买的占5%，从邻居家购买的占10%，自繁留种的占45%（表3-2）。

表3-2 良种来源

良种来源	农作物良种					畜禽良种				
	农技站	种子公司	集贸市场	与邻居串换	自留种	畜牧站	良种繁育场	集贸市场	从邻居家购买	自繁留种
百分比	14.9	53.7	8.9	1.5	20.9	0	40	5	10	45

2. 化肥施肥量偏多，秸秆焚烧现象严重

从调查结果看，调查样本的化肥：农家肥为27:73，如果按重量计算的话，化肥量偏多，农家肥偏少。农民处理秸秆主要有两种方式，即直接翻田和焚烧，焚烧比例较高，占调查的50%。焚烧秸秆既浪费了资源、污染了环境，还造成火灾隐患，推广部门应加大此方面的引导力度（表3-3）。

表3-3 秸秆处理方式

项目	直接翻田	焚烧	与禽畜混合沤肥	作饲料	出售
百分比	41.9	50	5.4	2.7	0

3. 缺乏安全、合理的用药知识

在畜牧业生产中，养殖户中有96.3%自配饲料，其中，知道配方应根据养殖阶段的不同作适时调整的占97.4%；但是，高达69.0%的养殖户不知道禁用添加剂，高达96.3%的养殖户不清楚限制性添加剂（表3-4）。对于兽药使用情况，94.1%的养殖户不知道哪些是禁用兽药，100%的养殖户不知道限制性兽药（表3-5）。对科学使用农药防治病虫害的宣传与普及有待进一步加强，农技推广部门有大量的工作要做。

表 3 - 4　饲料使用情况

项目	自配比例（%）	配方适时调整		禁用添加剂		限制性添加剂	
		知道	不知道	知道	不知道	知道	不知道
百分比	96.3	97.4	2.6	31.0	69.0	3.6	96.3

表 3 - 5　兽药使用情况

项目	禁用兽药		限制性兽药	
	知道	不知道	知道	不知道
百分比	5.9	94.1	0	100

4. 畜舍知识掌握较好，但简易型畜舍较多

几乎 100% 的人了解畜舍环境，80% 以上的人知道畜舍的选址原则和功能分区，但在畜舍质量上，65.8% 的人仍在采用简易型畜舍，只有 34.2% 的人对畜舍进行了专门设计（表 3 - 6）。

表 3 - 6　畜舍建造情况

项目	畜舍环境		选址原则		功能分区		畜舍质量	
	知道	不知道	知道	不知道	知道	不知道	简易型	专门设计
百分比	97.4	2.6	81.6	18.4	84.2	15.8	65.8	34.2

四、农技推广情况

1. 农业技术推广部门向农民传播技术的力度较大

调查显示，在施肥管理和病虫害防治过程中，技术来自乡、镇农技推广部门的占 61.6%（表 3 - 7）。在动物卫生防疫方面，养殖户强制性疫苗的获得途径全部是来自兽医站，商业性疫苗 81.4% 是来自兽医站；卫生防疫知识获得途径 61.8% 来自兽医站和卫生防疫部门，68.3%的养殖户有专门的兽医（表3-8）。但在有些地方需进一步加强，如用药记录上，91.9%没有用药纪录（表3-9）。

表3-7　农业技术推广途径

项目	农技推广员	农技部门	科技资料	邻居	凭经验	广播电视
百分比	36.7	24.9	11.2	1.8	23.1	2.4

表3-8　卫生防疫措施

项目	强制疫苗获得途径			商业疫苗兽药购买途径			专门兽医		疫苗注射	
	兽医站	市场	其他	兽医站	市场	其他	有	没有	自己	兽医
百分比	100	0	0	81.4	7.0	11.6	68.3	31.7	81.0	19.0

表3-9　卫生防疫知识获得途径

项目	疫苗使用知识获得						用药记录	
	兽医员	兽医站	科技资料	邻居	经验	电视广播	有	没有
百分比	32.7	29.1	3.6	10.9	21.8	1.8	8.1	91.9

2. 科技培训与指导形式多样

各乡镇农技站在农业科技培训中主要采取了科技入户、科技协调员、农民田间学校等模式。目前，采用较多的指导培训方式是由农技部门邀请有关专家或科技人员到指定地点为农民集中讲课，占35.4%；其次是科技人员深入到田间地头作现场讲解占27.6%，发放技术资料占23.2%（表3-10）。

表3-10　科技指导与培训形式

项目	集中听课	现场讲解	发放资料	科技下乡	科技110	科技特派员
百分比	35.4	27.6	23.2	13.4	0.4	0

3. 科技培训内容针对性强大多在 3 次以上

从调查看，农民每年参加科技指导与培训 3 次以上的占78.1%。指导培训内容主要以农民急需的蔬菜种植、养殖技术为重点，分别占55.0%和33.3%（表3－11）。

4. 科技培训的效果较好

农民对科技人员的技术指导，感觉满意或很满意的占66.7%；较满意的占32.4%；不满意的仅占1.0%；从技术培训效果调查看，受访者认为对自己的农业生产有一定帮助或有很大帮助的占99.0%，认为内容不太适用的仅占1.0%（表3－12）。

表3－11　农民参加科技培训情况

项目	培训次数				培训内容					
	从没有	1次	2次	3次以上	粮食生产	蔬菜种植	果树生产	养殖技术	加工技术	其他
百分比	2.6	2.6	16.7	78.1	9.1	55.0	1.8	33.3	0	0.9

表3－12　技术培训效果

项目	指导培训感觉				指导培训效果				
	不满意	较满意	满意	很满意	听不懂	听懂但不会用	不实用	有一定帮助	帮助很大
百分比	1.0	32.4	58.1	8.6	0		1.0	67.6	31.4

五、乡镇农业推广机构情况

1. 专业人员对口差，专业素质不高

被调查乡镇的农技推广部门（农技、畜牧兽医、林业园艺、农机站）平均人数为17.7人，正式人员90.4%，专业对口仅占69.7%。专业人员中大专以上学历占60.0%，中专40.0%；中级职称50.0%，无高级职称。

30

2. 农技推广人员工资偏低

各乡镇农技部门每年事业经费全部为财政拨款,乡农技人员工资福利由镇政府和自收自支解决,一线人员辛苦,待遇低,其中推广人员每月下乡 15～20 天,年收入 1.3 万～2.5 万元,平均 1.8 万元,大大低于行政人员的年收入 3.0 万～3.5 万元的水平。

3. 科技推广后劲不足

乡农技推广站设在乡(镇)政府,由乡长负责行政管理,乡农技推广站长负责技术工作。2000—2002 年乡镇合并,将农技站、林业站、农机管理站、经济管理站合并为一,成立了农业技术综合服务中心,采用人员聘用制,实行定编定岗,部分人员被分流,许多从事农业技术的人员改行从事其他行业,导致农业技术人才缺乏,农技推广后劲不足;加之经费不足、人事权管理、与上级部门业务脱节等问题,使一些农业技术推广项目和工作难以落到实处。现有技术推广人员的年龄偏大,多在 40 岁以上,近几年几乎没有新人补充进来,推广队伍老化、推广手段落后的问题较为突出。

六、新农村建设情况

根据调查,农民对村落的环境大都表示满意,如对道路满意度达 81%,对整洁满意度达 91%,对基础设施满意度达 89%。68% 的农民使用了清洁厕所,88% 的农民使用了清洁燃料,其中使用煤气占 59%,使用沼气占 29%。基本家用电器的拥有率很高,其中电视最高,达 92%;其次是电话,达 88%;再次是洗衣机,达 79%。70% 的农民反映电话的用途很广,目前电视、电话的信号很好,80% 的农民认为现在的电器使用状况良好。在喜欢看的节目中，主要是新闻和农业科技节目，新闻节目占44%，农业科技节目占27%。电脑拥有量不大，只占22%，主要用于查询信息和为孩子学习。医保政策推行较好，84%的农民进入了医保，60%的农民对医保报销政策表示满意。通过对农民最担心的问题的访问，发现有50%的人担心买到假农资，46%的人担心收入没保障，29%的人反应教育费用太高，26%的人担心农产品卖不出。在供子女上学问题上，33%的人表示无困难，44%的人反映有困难。在业余文化生活方面，72%的农民认为文化生活一般，闲暇时间主要是看电视（88%）、读书看报（29%）、串门聊天（29%）和参加村活动（21%）等。参加集体文化活动主要是科学知识学习和农技培训，占79%（表3-13）。

表3-13 新农村建设情况

项　目		百分比
道路（基本）满意		81
环境（较）干净整洁		91
居住地基础设施（基本）满意		89
拥有电视		92
拥有洗衣机		79
拥有冰箱		68
拥有电话		88
拥有电脑		22
电视电话信号好		70
电器使用情况好		80
电话用途广		70
喜欢看的电视节目	新闻	44
	经济	6
	农业科技	27
	文娱	13
电脑用途	孩子学习	28
	查信息	52

（续表）

项　目		百分比
使用清洁燃料	煤气	59
	沼气	29
使用卫生厕所		68
加入农村医保		84
对医保报销（基本）满意		60
目前最担心的问题	收入没保障	46
	教育费用高	29
	农产品卖不出	26
	买到假农资	50
供子女上学困难度	没困难	33
	有困难	44
认为业余文化生活一般		72
闲暇主要做的事情	看电视	88
	串门聊天	29
	读书看报	29
	参加村活动	21
喜欢的集体文化活动	科学知识学习	38
	农业技术培训	79

七、总体评价

1. 北京郊区农民具有良好的素质，可望成为先进农业技术的接受和应用者

调查样本显示，初中以上文化程度的农民占86%，高中及以上文化程度占28%，且大都处在青壮年阶段，年富力强，又有一定的文化知识作支撑，他们渴望得到新知识、新技术，愿意接受技能培训，他们渴望致富。在闲暇时间都喜欢读书看报、参加科技知识学习和村里组织的活动，这些都是做好推广工作必备的条件。

2. 具体的农业技术应用效果参差不齐

绝大多数农民在生产上采用了新技术，作物新品种选用、兽药疫苗、饲料配方采用效果较好；但其他方面，如施肥技术和打药技术等，技术采用效果不明显；关于饲料添加剂以及兽药的安全使用，90%以上的农民不知道限制性添加剂、禁用兽药和限制性兽药，近70%的农民对禁用添加剂的知识不了解，这在一定程度上说明了某些关键农业技术的推广工作不到位。

3. 农业新技术民间传播的比例在缩小

调查表明，农民从邻居亲戚渠道获得种植业信息的比例还不到2%，获得的兽药疫苗信息也只有10%，绝大部分的知识都是从技术推广部门和推广员处获得，这意味着农业新技术推广的成本加大，政府要做好农业技术服务工作，必须投入更多的人力、物力和财力。

4. 新闻媒体在农业技术扩散中的作用较低

调查发现，除养殖业外，农民采用的粮食作物、经济作物和蔬菜与水果等种植业技术信息中，来自新闻媒体的比例才2.4%，疫苗也只有1.8%。这同样表明依靠新闻媒体传播主要生产技术的作用仍然有限，政府必须将为农民提供技术信息服务的力量重点放在技术推广部门及相应商业部门的直接上门服务上来。

5. 推广工作缺乏必要的条件支撑

基层科技推广人员的工资低、待遇差，缺少青年科技骨干，专业不对口的现象较普遍，使得基层推广队伍弱化；同时在日常的工作中，基层推广组织的事业经费很少，缺乏足够的推广经费和必要的物质条件，如缺少宣传车、缺少经费对新技术进行试验示范和印发宣传资料等，只能用传统的方法去推广较为新型的技术，使推广效率和推广效果受到一定影响。

6. 新农村建设的成绩为农技推广工作奠定了良好的基础

从调查情况看，北京郊区的新农村建设取得了很好的成绩，实现了村村通公路、户户通电话，人们在干净整洁的村落里生产和生活。煤气、沼气等清洁能源的使用已达到88％，电视和电话普及率已达90％，农村医疗保障措施已深入人心，84％的农民已享受了医疗保险。人们在闲暇时间通过看电视、读书看报、参加村组织的科技培训等形式学习农业新技术。所有这些在一定程度上为农业新技术推广工作营造了良好的氛围，奠定了坚实的基础，消除了农民的后顾之忧，降低了对新技术的抵触情绪，增强了抵御新技术应用风险的能力，加速了推广工作进程。

第四章 农民采用新技术影响因素分析——内部因素

本文在理论分析和现状评价的基础上，把影响农民应用新技术的因素分为内部因素和外部因素。内部因素主要指农民个体因素，本章将详细分析农民个体因素与采用新技术之间的关系。农民个体在整个推广工作中起着至关重要的作用，只有通过农民，科技成果才能真正运用到农业生产上，以实现增产增收，达到科研、推广工作的最终目的。农民个体因素包括的内容很多，如农民的性别、年龄、文化程度、政治面貌、家庭收入、家庭劳动力状况、从业状况、经营能力、个人好恶、主要社会关系等等。陈红卫（2005）总结了农民行为改变的一般规律：一是农民行为改变的关键在内因；二是农民行为的改变是以知识、技能、态度等方面的转变为前提的；新时期农业推广中农民行为的新变化，即农业推广中农民行为的改变程度与农民的文化素质、经济收入呈正相关，农业推广中农民行为的改变受市场因素的影响越来越大，传统习惯对农业推广中农民行为改变的阻碍力在逐步减弱。本章只涉及被调查样本的年龄、文化程度、家庭收入状况及家庭劳动力人数等对种植业和养殖业技术采用情况的影响。

第一节　内部因素对种植业技术采用的影响

一、户主文化程度对种植业技术采用的影响

1. 对粮食品种的影响

调查中，大部分的农民种植小麦的品种是 9428 和烟农 19，种植玉米的品种是农大 108、农大 84、冀元 1 号，从品种上看无大的差别。从小麦的亩产量看，初中毕业的农民种植亩产量最高，达 331 公斤。从玉米的亩产量看，中专毕业的农民种植亩产量最高，达 550 公斤；小学毕业的农民种植最低，只有 458 公斤。在同样种植农大 84 玉米品种的前提下，文化程度高的农民掌握技术要优于文化程度低的人。

2. 对打药技术的影响

从粮食作物打药次数看，随着文化程度的提高，打药次数也大致增加，从小学毕业的农民打药平均次数 1.5 次上升至中专毕业的农民的 2.5 次。蔬菜打药的次数也随着文化程度的提高呈不断增加的趋势。文化程度对打药次数成正影响，文化程度低，打药次数少。

3. 对施肥技术的影响

如根据施肥重量来计算的话，各种文化程度的农民施肥比例都是不合理的，化肥施用偏多，农家肥施用偏少。学历越高，化肥施用越多。化肥施用多，在短期内会提高农产品产量，增加经济收入；但长此以往，会使土地板结，农产品化肥含量过多，影响农产品品质，影响食用者的健康。

从粮食作物、蔬菜的施肥方式及比例来看，小学和初中毕业的农民掌握的较为合理，而高中毕业的农民在追肥的施用上比例略低。

从秸秆处理方式看，直接翻田形式较好，它不仅可以改良土壤，还可减少污染；焚烧不仅污染环境，还容易导致火灾。但在调查样本中，中专毕业的农民100%会将秸秆还田用作肥料，其他学历的农民中，只有40%左右的人将秸秆直接翻田，另有40%～50%的人采取了焚烧的方式（表4-1）。

表4-1 户主文化程度对种植业技术采用的差异

	比较项目	小 学	初 中	高 中	中 专
品 种	小麦	9428	9428、烟农19	9428、烟农19	
	玉米	农大108、农大84、冀元1号	京玉7号、中单28、冀元1号、农大108、农大84	农大108、农大189、冀元1号	农大84
亩产量	小麦（公斤）	292	331	279	—
	玉米（公斤）	458	515	511	550
打药次数	粮食（次）	1.5	1.9	1.7	2.5
	蔬菜（次）	3.7	6.9	6.5	—
肥料比例	化肥（%）	27.36	26.66	31	50
	农家肥（%）	72.63	73.34	69	50
粮作施肥比例	基肥（%）	70	73	76	—
	追肥（%）	30	27	24	—
蔬菜施肥比例	基肥（%）	70	69	80	—
	追肥（%）	30	31	20	—
秸秆处理方式	直接翻田（%）	44.44	42.22	44.44	0
	焚烧（%）	44.44	53.33	44.44	0
	混合沤肥（%）	0	4.44	11.11	0
	作饲料（%）	11.11	0	0	100

二、户主年龄对种植业技术采用的影响

1. 对粮食品种的影响

大部分农民种植小麦的品种是9428和烟农19，种植玉米的品

种是农大 108、农大 84、冀元 1 号，从品种上看无大的差别。从小麦和玉米的亩产量看，60 岁以上人最高，小麦达 350 公斤，玉米达 525 公斤；其次是 18～40 岁的人，小麦为 337.5 公斤，玉米为 512.5 公斤。说明 60 岁以上的人从事种植业时间较长，经验较为丰富。

2. 对打药技术的影响

从粮食作物打药次数看，随着年龄的增长，打药次数也不断减少，从 18～40 岁的 2.4 次减少至 60 岁的 1.6 次。蔬菜打药的次数也呈同样态势，从 18～40 岁的 9.9 次减少到 40～60 岁的 5.95 次。年龄对打药次数成负影响，年龄越大，打药次数越少。表明年龄大的人由于从事种植业时间较长，经验较为丰富，掌握防治病虫害的技术比较好。

3. 对施肥技术的影响

如根据施肥重量来计算的话，各年龄段的农民的施肥比例都是不合理的，化肥使用偏多，农家肥施用偏少。年龄大的人（60 岁以上）化肥施用最多，达到 75%，农家肥施用最少，只有 25%。可能是年龄大了，没有精力运送太多的农家肥到农田。

从粮食作物、蔬菜的施肥方式及比例来看，各年龄段的人掌握的较为合理。

从秸秆处理方式来看，40 岁以下和 60 岁以上的人对秸秆的处理好于 40～60 岁的人。采取焚烧形式的 40 岁以下占 37.5%，60 岁以上占 25%，而 40～60 岁的高达 53%。可能是年纪轻的人掌握了一些秸秆处理的知识，年龄大的人由于没有精力从别处运农家肥，采用秸秆还田提高肥力也是个好办法。

三、家庭收入对种植业技术采用的影响

1. 对粮食品种的影响

农民采用小麦和玉米的品种差异不大。从小麦的亩产量看，收入中等（1万~2万元）的人最高，达每亩346公斤，0.5万~1万元的人亩产量最低，只有288公斤。从玉米的亩产量看，收入最高（2.5万~5万元）的人产量最高，达550公斤。究其原因，可能与他们掌握了较好的种植技术是分不开的，但也应看到，他们的农药施用量也是最多的，平均达2.7次；化肥施用量也是最多的，达40%（表4-2）。

表4-2　户主年龄对种植业技术采用的差异

比较项目		18~40岁	40~60岁	60岁以上
品　种	小麦	9428、烟农19	9428、烟农19	9428
	玉米	农大84、冀元1号、京玉7号、中单28	京玉7号、农大189、冀元1号、农大108、农大84	农大108
亩产量	小麦（公斤）	337.5	306.8	350
	玉米（公斤）	512.5	506.3	525
打药次数	粮食（次）	2.4	1.6	1.6
	蔬菜（次）	9.9	5.95	—
肥料比例	化肥（%）	34.5	21.4	75
	农家肥（%）	65.5	78.6	25
粮作施肥比例	基肥（%）	73.33	72	—
	追肥（%）	26.67	28	—
蔬菜施肥比例	基肥（%）	61.67	73	70
	追肥（%）	38.33	27	30
秸秆处理方式	直接翻田（%）	50	40.32	50
	焚烧（%）	37.5	53.22	25
	混合沤肥（%）	12.5	4.84	0
	作饲料（%）	0	1.62	25

2. 对打药技术的影响

从粮食作物和蔬菜打药次数看，中等偏上的人（2 万 ~ 2.5 万元）打药次数最少，说明这部分人病虫害经验较为丰富，不用在农药上花费太大的成本。

3. 对施肥技术的影响

如根据施肥重量来计算的话，各收人段的农民的施肥比例都是不合理的，化肥使用偏多，农家肥施用偏少。收入最高的人（2.5 万 ~ 5 万元）化肥施用最多，农家肥使用最少，可能是收入高了不在乎购化肥的成本，不愿意费太大的力气运送农家肥到农田。

从粮食作物的施肥方式及比例来看，收入偏低的人（2 万元以下）趋于合理，但收入较高的人（2 万元以上）有些不合理，2 万 ~ 2.5 万元的人施用基肥比例偏低，追肥比例偏高；2.5 万 ~ 5 万元的人施用基肥比例偏高，追肥比例偏低。说明收入对粮食施肥技术成负影响，收入高，粮食施肥技术采用不好。

从蔬菜的施肥方式及比例来看，低收入（2 万元以下）的人有些不合理，基肥比例偏低，追肥比例偏高。收入对蔬菜施肥技术成正影响，收入高，蔬菜施肥技术采用好。

从秸秆处理方式来看，收入在 0.5 万元以下农民的没有人采用焚烧，收入在 0.5 万 ~ 1 万元的农民采用焚烧方式的有16.67%，收入在 1 万 ~ 2 万元的农民有 52.63%，收入在 2 万 ~ 2.5 万元的农民有 73.5%。但收入在 2.5 万 ~ 5 万元的农民没人采取焚烧方式（表 4 – 3）。

表 4 - 3   农民家庭收入对种植业技术采用的差异

比较项目		0.5 万元以下	0.5 万 ~ 1 万元	1 万 ~ 2 万元	2 万 ~ 2.5 万元	2.5 万 ~ 5 万元
品　种	小麦	9428、烟农 19	9428、烟农 19	9428	9428	9428
	玉米	农大 108、中单 28	冀元 1 号、农大 84	京玉 7 号、农大 84、农大 108、农大 189	农大 84、农大 108	农大 84、农大 108、
亩产量	小麦（公斤）	300	288	346	305	300
	玉米（公斤）	531	500	510	450	550
打药次数	粮食（次）	2.3	1.6	1.6	1.4	2.7
	蔬菜（次）	5	8.6	6	5.8	10
肥料比例	化肥（%）	—	25.3	22	27.9	40
	农家肥（%）	—	74.7	78	72.1	60
粮作施肥比例	基肥（%）	—	76	73	67	90
	追肥（%）	—	24	27	33	10
蔬菜比例	基肥（%）	10	52	84	74	—
	追肥（%）	90	48	16	26	—
秸秆处理方式	直接翻田（%）	75	66.67	42.1	23.5	100
	焚烧（%）	0	16.67	52.63	73.5	0
	混合沤肥（%）	12.5	8.33	5.26	3	0
	作饲料（%）	12.5	8.33	0	0	0

四、家庭劳动力数对种植业技术采用的影响

1. 对粮食品种的影响

从亩产量上看，劳动力数多的家庭的粮食亩产量大于劳动力数少的家庭，在种植品种、农药用量、化肥施用相近的情况下，说明劳动力多的家庭种植业技术的使用要优于劳动力少的家庭。

2. 对打药技术的影响

从粮食作物的农药施用量上看，劳动力数多的家庭的农药用量少于劳动力数少的家庭，说明在粮食作物的种植中，家庭劳动力数对打药次数呈负影响，劳动力多，打药次数少。

42

从蔬菜的农药施用量上看，劳动力数少的家庭的农药用量少于劳动力数多的家庭，说明在蔬菜种植中，劳动力数对打药次数呈正影响，劳动力多，打药次数多。可看出劳动力少的家庭对蔬菜病虫害防治经验较劳动力多的家庭丰富。

3. 对施肥技术的影响

在施肥比例上，与以前的分析相同，同样是施肥比例不合理，化肥施用偏多，农家肥施用偏少。

在粮食作物施肥方式和比例上，劳动力数多的家庭比较合理，而劳动力少的家庭只有基肥而无追肥是不合理的。在蔬菜施肥方式和比例上，劳动力数多的家庭比较合理，而劳动力少的家庭的追肥量偏少，只有20%。劳动力数对施肥方式与比例成正影响，劳动力多，施肥经验更为丰富。

在秸秆处理方式上，劳动力多的家庭中48%采取焚烧方式，劳动力少的家庭62.5%采取焚烧方式。劳动力数对秸秆处理技术呈正影响，劳动力多，秸秆处理技术采用好（表4-4）。

表4-4 家庭劳动力数对种植业技术采用的差异

比较项目		家庭劳动力数≥50%	家庭劳动力数<50%
品　种	小麦	9428、烟农19	9428
	玉米	农大108、农大84、京玉7号、中单28、冀元1号	农大84
亩产量	小麦（公斤）	317.8	298
	玉米（公斤）	509.3	500
打药次数	粮食（次）	1.7	2
	蔬菜（次）	6.7	5.8
肥料比例	化肥（%）	26.50	26
	农家肥（%）	73.50	74
粮作施肥比例	基肥（%）	71	100
	追肥（%）	29	0

（续表）

比较项目		家庭劳动力数≥50%	家庭劳动力数<50%
蔬菜比例	基肥（%）	68	80
	追肥（%）	32	20
秸秆处理方式	直接翻田（%）	43.94	25
	焚烧（%）	48.48	62.5
	混合沤肥（%）	4.55	12.5
	作饲料（%）	3.03	0

五、小结

通过分析农民个体因素（文化程度、年龄、收入、家庭劳动力数）对品种选用、打药及施肥技术的采用情况的影响，得出如下阶段性小结。

（1）在种植的粮食品种上，各种类型的农民没有太大的差别，都采用的是产量高、抗倒伏、抗病的品种。在粮食亩产量上，家庭劳动力数对历史亩产量呈正影响，家庭劳动力数多则粮食亩产量高，反之，则亩产量低。

（2）关于粮食种植的打药技术，家庭劳动力数与打药次数呈负影响，劳动力数越多，打药次数越少，可能劳动力多的家庭主要种植粮食，对粮食病虫害防治经验较丰富。关于蔬菜种植的打药技术，家庭劳动力数与打药技术呈正影响，劳动力数越少，蔬菜打药次数越少，可能是劳动力少的家庭主要种植蔬菜，对蔬菜的病虫害防治经验丰富。

从整个种植情况看（粮食和蔬菜），年龄对打药次数呈负影响，年龄越大，打药次数越少。这可能是年龄大的人种田时间长，经验丰富，但同时对农药的种类及性能不熟悉。文化程度对打药

44

次数呈正影响，文化程度越高，打药次数越多，可能是文化程度越高对农药的作用性能较为熟悉，为提高产量和收入，通常采用打药的方式。

（3）关于施肥技术的采用，在化肥和农家肥的施用比例上，各类型农民都存在着不合理，化肥施用比例多，农家肥施用比例少，长期下去，会使土地板结、环境污染、农产品品质下降，这将带来食物安全、农业的可持续发展等一系列问题。

在粮食作物和蔬菜的施肥方式及比例是否合理方面，家庭劳动力数与之呈正影响，家庭劳动力数越多，施肥方式及比例越趋合理；家庭劳动力数少，无精力将施肥搞得很细，施肥方式及比例则呈不合理态势。农民文化水平与之呈负影响，文化水平低，则施肥方式和比例趋于合理，因为目前学历低的人主要是年龄大的人，从事种植业时间长，积累了丰富的经验。

具体到粮食作物的施肥方式和比例是否合理，收入水平与之呈负影响，收入水平高，粮食作物的施肥方式和比例则趋于不合理；收入水平低，则趋于合理。而关于蔬菜的施肥方式与比例，收入水平与之呈正影响，收入水平高，蔬菜的施肥方式和比例则趋于合理；收入水平低，则趋于不合理。这种现象是因为种植蔬菜的收益大于种粮食，所以，在耕地面积既定的前提下，种植蔬菜农民的收入肯定高于种植粮食的农民。所以，收入高的人的蔬菜施肥经验较丰富，收入低的人的粮食施肥经验较丰富。

（4）关于秸秆的处理方式，家庭劳动力数与之呈正影响，劳动力多，采用秸秆处理技术好，劳动力数少的家庭则更愿意采取焚烧的形式。可能是秸秆处理需要投入较多的体力劳动，而劳动力少的家庭没有人力进行秸秆处理。

第二节　内部因素对养殖业技术采用的影响

一、户主文化程度对养殖业技术采用的影响

1. 对配种技术的影响

在配种技术上，小学毕业的农民采用人工授精技术的占55%，初中毕业的占35%；高中毕业的占63%，中专毕业的占100%。文化程度对配种技术采用呈正影响。但初中毕业的农民该技术采用比例偏低，可能是猪的养殖结构问题，种猪和商品猪一起养所致。

2. 对饲料技术的影响

在限用添加剂的使用上，调查样本中100%的农户不知道限用添加剂。关于禁用添加剂，情况比限用添加剂稍好些，小学毕业的农民只有14%的人知道，初中毕业的人也只有18%的人知道，高中毕业的人67%知道，中专毕业的人已达100%。文化程度对禁用添加剂知识的掌握呈正影响。饲料添加剂问题也反映了在经济高度发达的北京郊区，同样存在着食品安全问题隐患，这一既严峻又紧迫的问题已摆在科技推广人员的面前。

3. 对防疫技术的影响

在全部调查样本中，80%以上的农民都是自己进行疫苗注射。

关于禁用兽药和限用兽药的使用，不论何种文化程度的农民，85%以上不知禁用兽药，100%不知限用兽药，与饲料添加剂问题一样，兽药的使用也存在着严峻的食品安全问题，这是推广工作迫在眉睫需解决的问题。

4. 对养殖设施技术的影响

在调查户中,养殖设施主要表现为畜舍和专门处理设施的建造上。

关于畜舍建造的理想环境,各文化层次的农民差别不大,85%以上的农民都知道。但在畜舍选址、功能分区问题上,小学毕业的农民中只有62%表示知道,而初中毕业的农民82%表示知道,高中和中专毕业的农民100%表示知道。在畜舍质量上,12.5%小学毕业的人已开始对畜舍进行专门设计,初中毕业的上升为36.4%,高中毕业的已占50%,中专毕业的人对畜舍进行专门设计已达100%。关于专门处理设施,小学毕业的人62.5%建造了专门处理设施,初中毕业的为68.2%,高中毕业的上升为83.3%,中专毕业的人已达100%。说明文化程度对畜舍选址、功能分区、畜舍质量和专门处理设施建造呈正影响(表4-5)。

表4-5 户主文化程度对养殖业技术采用的差异 (%)

分 项		小 学	初 中	高 中	中 专
配种	自然	45	65	37	0
	人工	55	35	63	100
限用添加剂	知道	0	0	0	0
	不知道	100	100	100	100
禁用添加剂	知道	14	18	67	100
	不知道	86	82	33	0
疫苗注射	自己	87.5	90.91	83.33	100
	兽医	12.5	9.09	16.67	0
禁用兽药	知道	12.5	4.54	0	0
	不知道	87.5	95.45	100	100
限用兽药	知道	0	0	0	0
	不知道	100	100	100	100
畜舍理想环境	知道	87.5	100	100	100
	不知道	12.5	0	0	0

（续表）

分　项		小　学	初　中	高　中	中　专
畜舍选址原则	知道	62.5	82	100	100
	不知道	37.5	18	0	0
畜舍功能分区	知道	62.5	86	100	100
	不知道	37.5	14	0	0
畜舍质量	简易型	87.5	63.6	50	0
	专门设计	12.5	36.4	50	100
专门处理设施	有	62.5	68.2	83.3	100
	没有	37.5	31.8	16.7	0

二、户主年龄对养殖业技术采用的影响

1. 对配种技术的影响

18～40岁的农民中55.56%采用人工授精技术，40～60岁的有40.62%，60岁以上的达100%。一般是年龄对配种技术呈负影响，年龄越小，采用该技术的人越多。但本例中60岁以上的人多是因为60岁以上的农民养殖规模小所致。

2. 对饲料技术的影响

调查样本中，几乎100%的人不知道限用添加剂。关于禁用添加剂的知识，100%的60岁以上农民、70%以上的60岁以下农民不知道，60岁以下农民只有不到30%知道禁用添加剂。

3. 对防疫技术的影响

在全部调查样本中，85%以上的农民都是自己进行疫苗注射。

关于禁用兽药和限用兽药的使用，情况不容乐观。调查样本中，不论何种年龄的农民，85%以上不知禁用兽药，100%不知限用兽药。

在停药期上，18～40岁的农民100%知道，40～60岁的

86.21%知道，60岁以上的50%知道，说明年龄对停药期知识的掌握呈负影响，年龄越小，知道停药期的人越多（表4-6）。

表4-6　户主年龄对养殖业技术采用的差异　　　　　（%）

分项		18~40岁	40~60岁	60岁以上
配种方式	自然	44.44	56.25	0
	人工授精	55.56	43.75	100
禁用添加剂	知道	28.57	28.57	0
	不知道	71.43	71.43	100
限用添加剂	知道	0	3.57	0
	不知道	100	96.43	100
疫苗注射	自己	85.71	89.65	100
	兽医	14.29	10.35	0
禁用兽药	知道	14.29	3.45	0
	不知道	85.71	96.55	100
限用兽药	知道	0	0	0
	不知道	100	100	100
停药期	知道	100	86.21	50
	不知道	0	13.79	50
畜舍理想环境	知道	100	100	50
	不知道	0	0	50
畜舍选址原则	知道	100	79.31	50
	不知道	0	20.69	50
畜舍功能分区	知道	85.71	89.66	50
	不知道	14.29	10.34	100
畜舍质量	简易型	57.14	65.52	100
	专门设计	42.86	34.48	0
专门处理设施	有	71.43	72.41	50
	没有	28.57	27.59	50

4. 对养殖设施技术的影响

关于畜舍建造的理想环境，18~40岁和40~60岁的农民100%知道，而60岁以上的人只有50%的人知道。但在畜舍选址上，18～40 岁的人 100% 知道，40～60 岁的 79. 31% 知道，而 60 岁以上的人对畜舍功能分区都不知道。在功能分区问题上，18～40 岁的和 40～60 岁的都是 85%～90% 的人知道，而 60 岁以上的人都不知道。在畜舍设计中，同样是 60 岁以下的较为重视畜舍的质量，18～40 岁的人有 42. 86% 对畜舍进行专门设计，40～60 岁的有 34. 48%，而 60 岁以上的人全部为简易型畜舍。关于专门处理设施，18～40 岁和 40～60 岁的人有 71%～72% 建造了专门处理设施，而 60 岁以上的人只有 50%。说明年龄对养殖设施技术的采用呈负影响，年龄越小，采用养殖设施技术的人越多。

三、家庭收入对养殖业技术采用的影响

1. 对配种技术的影响

调查样本中，2. 5 万～5 万元和 2 万～2. 5 万元两个收入段各有 50% 的农民采用人工授精配种技术，1 万～2 万元收入的农民有 46. 15% 采用人工授精和胚胎移植技术，0. 5 万～1 万元收入的农民只有 40% 的人采用人工授精配种技术，而收入在 0. 5 万元以下的农民采用人工授精的人数达 62. 5%。大致趋势是收入对人工配种技术呈正影响，收入越高，采用人工配种技术的人越多。但本例中收入在 0. 5 万以下的农民采用人工授精的人数比例高可能是因为这些人养殖的规模小所致（表 4－7）。

2. 对饲料技术的影响

调查样本中，只有 14. 29% 的农民知道限用添加剂，85. 71% 的农民不知道。禁用添加剂情况稍好些，2 万～2. 5 万元收入段有 57% 的农民知道，43% 的人不知道；在 1 万～2 万收入段只有 8. 33% 的人知道，有 91. 67% 的人不知道；其余 3 个收入段不知道

50

禁用添加剂的人比例也很高，达60%～70%，只有30%左右的人知道。未看到收入对饲料各指标的直接影响。

表4-7 农民家庭收入对养殖业技术采用的差异 （%）

分 项		0.5万元以下	0.5万～1万元	1万～2万元	2万～2.5万元	2.5万～5万元
配种方式	自然	37.5	60	53.85	50	50
	人工授精	62.5	40	46.15	50	50
禁用添加剂	知道	33.33	22.22	8.33	57.14	33.33
	不知道	66.67	77.78	91.67	42.85	66.67
限用添加剂	知道	0	0	0	14.29	0
	不知道	100	100	100	85.71	100
疫苗注射	自己	100	88.89	100	75	66.67
	兽医	0	11.11	0	25	33.33
禁用兽药	知道	0	11.11	8.33	0	0
	不知道	100	88.89	91.67	100	100
限用兽药	知道	0	0	0	0	0
	不知道	100	100	100	100	100
畜舍理想环境	知道	83.33	100	100	100	100
	不知道	16.67	0	0	0	0
畜舍选址原则	知道	66.66	77.77	83.33	100	66.67
	不知道	33.34	22.23	16.67	0	33.33
畜舍功能分区	知道	50	77.77	91.67	100	100
	不知道	50	22.23	8.33	0	0
畜舍质量	简易型	83.33	77.77	66.67	50	33.33
	专门设计	16.67	22.23	33.33	50	66.67
专门处理设施	有	66.67	66.67	66.67	87.5	66.67
	没有	33.33	33.33	33.33	12.5	33.33

3. 对防疫技术的影响

收入在 0.5 万元以下的农民自己注射疫苗达 100%，收入在 0.5 万～1 万元的农民是 88.89%，收入在 1 万～2 万元的是 100%，收入在 2 万～2.5 万的是 75%，收入在 2.5 万～5 万的人是 66.67%。收入对注射技术呈负影响，收入越高，自己注射疫苗的人越少。此情况可能与养殖规模有关。

禁用兽药和限用兽药知识的掌握，在各种收入的调查样本中，88% 以上的农民不知禁用兽药，100% 的农民不知限用兽药。

4. 对养殖设施技术的影响

关于畜舍建造的理想环境，只有少数收入在 0.5 万元以下的农民不知道，其余 4 个收入段的农民均为 100% 知道。在畜舍功能分区问题上，收入在 0.5 万元以下的农民只有 50% 知道，收入在 0.5 万～1 万元的农民达到 77.78% 知道，收入在 1 万～2 万的农民上升到 91.67%，当收入达到 2 万元后，达到了 100%。在畜舍设计中，0.5 万元以下收入的农民只有 16.67% 对畜舍进行专门设计，收入在 0.5 万～1 万的农民有 22.23%；收入在 1 万～2 万的人有 33.33%，收入在 2 万～2.5 万元的有 50%，收入在 2.5 万～5 万元的农民已达 66.67% 对畜舍进行专门设计。关于专门处理设施，各收入段的人差别不大，均有 66.67% 以上的人建造了专门处理设施。其中，收入在 2 万～2.5 万的农民略高，达 87.5%。收入对畜舍功能分区和畜舍专门设计呈正影响，收入越高，对畜舍功能分区和畜舍专门设计的人越多。

四、家庭劳动力数对养殖业技术采用的影响

1. 对配种技术的影响

从配种方式上看，在劳动力数大于或等于家庭人口数 50% 的

家庭中，只有44.45%的人采用人工配种技术。而在劳动力数小于家庭人口数50%的家庭中，人工授精是主要形式，占到71%。家庭劳动力数对配种技术呈负影响，劳动力数少的家庭，采用配种技术的人越多。

2. 对饲料技术的影响

在限用添加剂问题上，几乎100%的人都不知道限用添加剂。禁用添加剂情况稍好些，但也是少数人知道，高比率劳动力家庭25.81%的人知道，低劳动力比率家庭有33.33%的人知道。

3. 对防疫技术的影响

80%以上的调查样本都是自己进行疫苗注射，家庭劳动力数不同对疫苗注射技术差别不大。100%不知限用兽药，80%以上不知禁用兽药。在为数很少的知道禁用兽药的人中，劳动力少的家庭的人的比例高于劳动力多的。

4. 对养殖设施技术的影响

关于畜舍建造的理想环境，100%的人都知道。关于畜舍选址，高劳动力比率的家庭78%表示知道，低劳动力比率的家庭100%表示知道，家庭劳动力数对畜舍选址呈负影响。在畜舍功能分区问题上，高劳动力比率的家庭91%表示知道，低劳动力比率的家庭只有50%表示知道，家庭劳动力数对畜舍功能分区成正影响。在畜舍设计和专门处理设施中，每类家庭都有1/3对畜舍进行了专门设计，另2/3则采用简易型；每类家庭有60%～70%建造了专门处理设施。看不出家庭劳动力数对畜舍设计和专门处理设施的明显影响（表4－8）。

表4-8　家庭劳动力数对养殖业技术采用的差异　　　　　　（%）

分　项		劳动力数≥50%	劳动力数<50%
配种方式	自然	55.56	28.57
	人工授精	44.45	71.43
禁用添加剂	知道	25.81	33.33
	不知道	74.19	66.67
限用添加剂	知道	3.22	0
	不知道	96.78	100
疫苗注射	自己	90.63	83.33
	兽医	9.37	16.67
禁用兽药	知道	3.12	16.67
	不知道	96.88	83.33
限用兽药	知道	0	0
	不知道	100	100
畜舍理想环境	知道	96.88	100
	不知道	3.12	0
畜舍选址原则	知道	78.13	100
	不知道	21.87	0
畜舍功能分区	知道	90.63	50
	不知道	9.37	50
畜舍质量	简易型	65.63	66.67
	专门设计	34.37	33.33
专门处理设施	有	71.88	66.67
	没有	28.12	33.33

五、小　结

通过分析农民个体因素（文化程度、年龄、收入、劳动力数）对养殖业的配种、饲料、防疫及养殖设施等技术采用情况的影响，得出如下阶段性小结。

（1）农民个体因素对养殖品种无影响。各种类型的农民大致相同，一般都是大白、长白、杜洛克、大约克等，这些品种具有生长快、抗病、瘦肉率高等特点。

农民文化程度、收入水平对配种方式呈正影响，文化水平和收入越高，采用配种技术的人越多。年龄、家庭劳动力比率对配种方式呈负影响，年龄越小、家庭劳动力比率越低，采用配种技术的人越多。

（2）农民个体因素对饲料配方适时调整问题无影响，各类型农民都知道饲料配方适时调整。

由于大部分养殖者大量购买商品性添加剂预混料，几乎各类型农民都不知道限用添加剂，也有相当多的人不知道禁用添加剂。文化程度对禁用添加剂呈正影响，文化程度越高，知道禁用添加剂的人越多。家庭劳动力人数对禁用添加剂呈负影响，家庭劳动力人数越少，对禁用添加剂知道的越多。

（3）在防疫方面，对于自己注射疫苗，收入与其呈负影响，收入越多，自己注射疫苗的人越少。各类型农民都知道坑埋的形式。关于兽药，参与调查的各类型农民 100% 不了解限用兽药，80% 以上的农民不知道禁用兽药的相关知识，这一方面与推广部门的宣传力度不大有关，另一方面与动物疫病治疗过程中主要以兽医开方为主有关。

（4）在养殖设施方面，对于畜舍理想环境和选址原则，大部分农民表示知道。在这些农民中，收入水平、文化程度与畜舍理想环境和选址原则成正影响，收入越高，关注畜舍理想环境和选址的人越多；同样，文化程度越高，关注畜舍理想环境和选址的人越多。另外，年龄、家庭劳动力人数与畜舍理想环境和选址原则呈负影响，年龄越小，接受新事物越快，关注畜舍理想环境和选址的人越多；同样，家庭劳动力少，关注畜舍理想环境和选址的人多。

对于养殖设施技术的采用，文化程度与之呈正影响、年龄与之成负影响，文化程度越高、年龄越小，采用养殖设施技术的人也越多。收入水平对畜舍分区和专门设计呈正影响，收入越高，在畜舍功能分区和质量上下功夫的人越多，更利于规模养殖。

第五章　农民采用新技术影响因素分析——外部因素

前一章主要分析了内因（农民个体因素）对新技术采用的影响，但外部因素的影响也同样是不容忽视的，好的外部条件可以加速内因起作用，两者是相辅相成的。外部因素同样涉及很多内容，如信息渠道、农民合作组织状况等。王崇桃等（2005）通过对我国玉米 5 个主产省 14 个市、县 1 220 户农户的问卷调查，认为当前农户获取农业技术的主要渠道是农技人员田间指导、新闻媒体和邻里效应。不同地区间、技术来源渠道间农户选择率存在极显著差异。农户对农技人员下乡传授技术有强烈需求，农业技术人员深入生产第一线进行技术指导，培育科技示范户，以示范户带动广大农民的农技推广新模式和技物结合的推广方式是加速农业技术推广的有效途径。谢永坚等（2006）介绍了黑龙江省青冈县聚宝村成立农业科技合作社的做法，在村民自愿加入的基础上，遵循民办、民管、民受益原则，由农技推广部门、农业科研院所和农民成立了以科技成果为载体的农业科技合作社。经过探索实践，展现出 3 个方面重要作用：一是提高农民组织化程度，发挥大型农机具作用，开展集约化、规模化、标准化生产；二是加速农业科研成果转化、先进技术扩散；三是提高农技推广人员的推广技能。本章只对外部因素中涉及的新闻媒体、推广服务、农民合作组织以及新农村建设等进行深入分析。

第一节　外部因素对种植业技术采用的影响

一、新闻媒体对种植业技术采用的影响

1. 对粮食品种的影响

在粮食品种问题上，拥有电视和电话的人相同，均种植了较多的玉米品种；拥有电脑的人种植的品种相对单一，玉米只有京玉 7 号一种。在亩产量上，拥有电脑的人小麦亩产 295 公斤，玉米 500 公斤，而拥有电视和电话的人小麦 309 公斤，玉米 506 公斤，拥有电脑的人略低于其他两类人。上述现象可能是由于拥有电视和电话的人多数从事种植业，拥有电脑的农民主要从事养殖业，在种植业上没花费太多的功夫所致。

2. 对打药技术的影响

拥有电脑的农民对粮食作物的打药次数为 1.54 次，蔬菜为 5.4 次，打药次数均少于拥有电视和电话的人。

3. 对施肥技术的影响

在施肥比例上，3 种媒体形式差别不大，如果以施肥重量来比较的话，这种比例关系体现了化肥比例高、农家肥少的现状。

关于作物施肥方式及比例，3 种媒体形式也较为相近，且基肥和追肥的比例也比较合理。

在秸秆处理方式上，拥有电脑的农民采用焚烧的人最少，有 47%，拥有电视和电话的人有 51% 左右。拥有电脑的农民采取直

接翻田的人略多，占52%；而另两类农民只有42%的人采取直接翻田（表5-1）。

表 5 -1　新闻媒体对种植业技术采用的差异

项　目	分　项	拥有电视	拥有电脑	拥有电话/手机
亩产量	小麦（公斤）	309.7	295	309.7
	玉米（公斤）	506.6	500	506.9
品种	小麦	9428、烟农19	9428	9428、烟农19
	玉米	农大108、农大84、京玉7号、农大189、纪元1号	京玉7号	纪元1号农大108、农84、京玉7号、农大189
打药次数	粮食（次）	1.74	1.54	1.67
	蔬菜（次）	6.62	5.4	6.62
施肥比例	化肥（%）	26	25	26
	农家肥（%）	74	75	74
粮作施肥方式及比例	基肥（%）	71	74	75.7
	追肥（%）	29	26	24.3
蔬菜施肥方式及比例	基肥（%）	71	74	71
	追肥（%）	29	26	29
秸秆处理方式	直接翻田（%）	41.67	52.38	42.65
	焚烧（%）	51.39	47.62	51.47
	与禽畜混合沤肥（%）	5.55	0	4.41
	作饲料（%）	1.39	0	1.47

二、农民合作组织对种植业技术采用的影响

1. 对粮食品种的影响

从调查数据看，从事养殖业的调查样本大部分回答"未成立合作组织"；回答"成立合作组织"的农民主要从事种植业。在品种上，有合作组织的地方玉米品种较为集中，主要是京玉7号和纪元1号，"没有组织"的地方品种较多，也包括目前濒临淘汰的农大108。在亩产量上，玉米亩产量差别不大；在小麦亩产上，

回答农合组织"较好和很大作用"的农民明显高于"没成立和没作用"的。这说明农民合作组织对提高亩产量起到了一定的作用。

2. 对打药技术的影响

回答"没成立合作组织和合作组织没作用"的农民给粮食作物打药少于 1.5 次，蔬菜打药 6~8 次；回答"合作组织较好和发挥很大作用"的农民给粮食作物打药 2 次以上，蔬菜 6~8 次，看不出民合作组织的明显影响。

3. 对施肥技术的影响

在施肥比例上，如果以重量计算的话，同样是化肥多、农家肥少。

在粮食作物施肥方式上，回答"没成立合作组织"的农民基肥和追肥的比例为 75∶25，比例较为合理；回答"合作组织没发挥作用"的农民该比例为 90∶10，追肥比例偏低；回答"合作组织发挥较好作用"的农民该比例为 85∶15，同样是追肥比例偏低。看不到合作组织对粮食施肥方式的明显影响。

在蔬菜施肥方式上，回答"没成立合作组织"的农民基肥和追肥的比例为 52∶48，基肥比例偏低；回答"合作组织没发挥作用"的农民该比例为 90∶10，追肥比例偏低；回答"合作组织发挥较好作用"的农民该比例为 72.5∶27.5，比例较为合理。说明合作组织发挥作用好对蔬菜施肥方式有正的影响。

在秸秆的处理上，"没成立"的农民接近 80% 采用直接翻田；而"发挥较好作用"的只有 11.76% 采用直接翻田，82.35% 的人采用焚烧的方式。看不出合作组织在秸秆处理技术的采用上的明显作用（表 5-2）。

表 5 - 2　农民合作组织对种植业技术采用的差异

项　目	分　项	没成立	没发挥作用	发挥较好作用	发挥很大作用
亩产量	小麦（公斤）	284	280	383	400
	玉米（公斤）	529	—	510	500
品种	小麦	9428、烟农 19	9428	9428、烟农 19	9428
	玉米	农大 84、京玉 7 号、农大 108、中单 28	京玉 7 号、纪元 1 号	农大 84、京玉 7 号	纪元 1 号
打药次数	粮食（次）	1.5	1.25	2.25	2
	蔬菜（次）	8.6	6	6.1	8
施肥比例	化肥（%）	24.4	30	27.5	23.3
	农家肥（%）	75.6	70	72.5	76.7
粮作施肥方式及比例	基肥（%）	75	90	85	—
	追肥（%）	25	10	15	—
蔬菜施肥方式及比例	基肥（%）	52	90	72.5	100
	追肥（%）	48	10	27.5	0
秸秆处理方式	直接翻田（%）	79.16	100	11.76	0
	焚烧（%）	12.5	0	82.35	0
	与禽畜混合沤肥（%）	4.16	0	5.88	100
	作饲料（%）	4.16	0	0	0

三、推广服务对种植业技术采用的影响（表 5 - 3）

1. 培训方式对种植业技术采用的影响

第一，对粮食品种的影响。

在种植品种上，经过几种培训形式的农民采用的种植粮食的品种几乎是相同的，小麦都在种植 9428 和烟农 19，玉米都种植了农大 108、京玉 7 号、纪元 1 号和农大 189 等，但农大 108 现在已是濒临淘汰的品种。

在粮食亩产量上，经过现场讲解培训的农民，小麦和玉米的亩产是最高的，小麦达 323 公斤，玉米达 557 公斤。说明在品种

表5-3 推广因素对种植业技术采用的差异

项目	分项	培训方式				参加培训次数			入户指导次数		
		集中听课	现场讲解	发放资料	科技下乡	0次	2~3次	3以上	0次	1~4次	5次及以上
亩产量	小麦（公斤）	315	323	321	310	325	325	309	307	317	383
	玉米（公斤）	515	557	510	544	500	549	507	500	475	550
品种	小麦	烟9428、农19	烟9428、农19	9428、农19	烟9428、农19	烟9428	9428、农19	烟9428、农19	烟9428	9428、农19	9428
	玉米	农大108、京玉7号、纪元1号、农大189	农大108、京玉7号、纪元1号、农大189、中单28	农大108、农大84、京玉7号、纪中元1号	农大108、农大84、京玉7号、农大189、中单28		农大108、京纪元1号	农大108、农大84、京玉7号、纪元1号、农大189、中单28	农大108、农大84、京玉7号、中	农大108、农大、京玉7号	农大108
打药次数	粮食（次）	1.58	1.6	1.6	2.3	1.5	1.6	1.7	1.5	1.3	1.5
	蔬菜（次）	6.61	6.5	6.4	8.2	15	6.8	6.4	8.75	4.67	6.18
施肥比例	化肥（%）	27	27.3	23.7	25.5	43.33	26.25	23.08	25.95	36.67	25.56
	农家肥（%）	73	72.7	76.3	74.5	56.67	73.75	76.92	74.05	63.33	74.44
粮作施肥方式及比例	基肥（%）	78.4	80	78.2	65	70	76	76.19	76.15	84	83.33
	追肥（%）	21.6	20	21.8	35	30	24	23.81	23.85	16	16.67
蔬菜施肥方式及比例	基肥（%）	73.2	71.2	72	66.7	40	90	71.13	50	66.67	76.33
	追肥（%）	26.8	28.8	28	33.3	60	10	28.87	50	33.33	23.67
秸秆处理方式	直接翻田（%）	42.1	24.49	30.23	28.57	100	70	36.06	86.66	62.5	0
	焚烧（%）	52.6	69.39	65.12	57.14	0	20	57.37	13.33	25	90.47
	与禽畜混合沤肥（%）	5.3	4.08	4.65	9.52	0	0	6.55	0	12.5	9.52
	作饲料（%）	0	2.04	0	4.76	0	10	0	0	0	0

大致相同时，经过现场讲解培训的农民种植技术掌握较好，得到较好的收成。

第二，对打药技术的影响。

从打药次数看，在几种培训形式中，经过集中听课、现场讲解和发放资料培训的农民打药技术采用水平较好，在粮食作物和蔬菜上打药次数较少。而经过科技下乡培训的农民在粮食作物和蔬菜上打药次数较多，在亩产相近的情况下说明这些农民的病虫害防治经验相对较少。

第三，对施肥技术的影响。

在施肥比例上，几种培训形式的农民的施肥比例大致相同，如果以重量计算的话，化肥的施用比例高，农家肥的施用比例低。

从粮食作物和蔬菜的施肥方式及比例看，经过几种形式培训的农民的施肥方式和比例较为合理。

关于秸秆处理方式，一半以上的农民都在采取焚烧的方式。在采用直接翻田的农民中，集中听课的农民比例最高，达到42%。

2. 参加培训次数对种植业技术采用的影响

第一，对粮食品种的影响。

关于种植小麦品种，未参加过培训的农民种植9428，而参加过培训的农民种植9428和烟农19。种植玉米的品种，参加过培训的农民都种农大108和纪元1号，参加培训在3次以上的农民还种植京玉7号、农大189和中单28。

在粮食亩产上，参加培训2~3次的亩产水平比较好，小麦亩产325公斤、玉米亩产549公斤。调查发现，培训0次和2~3次的主要是培训粮食作物种植技术，培训3次以上的主要是培训蔬菜种植技术。参加过培训的农民粮食亩产高于未参加过培训的。

第二，对打药技术的影响。

从粮食作物的打药情况看，打药次数大致持平，都在 1.6 次左右，看不出参加培训次数对它的影响。

从蔬菜的打药情况看，参加培训 2～3 次的农民打药 6.8 次，参加培训 3 次以上的农民打药 6.4 次，略少于 2～3 次的，说明随着参加培训次数的增多，病虫害防治技术逐步提高，打药也逐渐减少。

第三，对施肥技术的影响。

如果按施肥重量计算的话，参加培训的 3 个档次的农民的施肥比例都不合理，都是化肥偏多，农家肥偏少。未参加培训的农民的化肥施用比例最高，达到 43%；参加 2～3 次培训的农民化肥施用 26%，参加 3 次以上培训的农民化肥施用 23%。说明参加培训次数对施用化肥比例呈负影响，随着参加培训次数的增多，化肥施用逐步减少。

粮食作物的施肥方式和比例均比较合理，基肥 70%～76%、追肥 30%～24%。未看到参加培训次数对粮食作物的施肥比例的明显影响。

关于蔬菜的施肥方式和比例，未参加过培训的农民基肥和追肥的比例为 40∶60，属于基肥比例偏低；参加过 2～3 次培训的比例为 90∶10，属于基肥比例偏高；参加 3 次以上培训的比例较为合理。说明参加培训次数越多，蔬菜的施肥比例越趋于合理。

关于秸秆处理方式，未参加过培训的农民 100% 采用"直接翻田"的形式；参加 2～3 次培训的农民 70% 采用"翻田"，30% 采用"焚烧"；参加 3 次以上培训的农民 36% 采用"翻田"，57% 采用"焚烧"。可看出培训内容涉及秸秆处理技术较少。

3. 入户指导次数对种植业技术采用的影响

第一，对粮食品种的影响。

未受过入户指导的农民种植小麦的主要品种为 9428，而受过 1~4 次入户指导的主要种植 9428 和烟农 19。未受过指导的农民种植玉米的品种是农大 108、农大 84、京玉 7 号，受过 1~4 次入户指导的主要种植农大 108、京玉 7 号。入户指导在 5 次以上的农民大都种植蔬菜，粮食不是主要种植作物，小麦主要是 9428，玉米主要是农大 108。

在粮食亩产上，入户指导在 5 次以上的农民亩产水平最高，达到小麦 383 公斤、玉米 550 公斤。在粮食品种大致相同的情况下取得好的亩产，说明随着入户指导次数增多，种植技术会提高，亩产会增加。

第二，对打药技术的影响。

从粮食作物的打药次数看，入户指导次数不同的 3 类农民平均打药次数大都在 1.3~1.5 次，看不出入户指导次数对它的影响。从蔬菜的打药情况看，未受到入户指导的农民打药 8.75 次，受过 1~4 次指导的打药 4.67 次，受过 5 次以上指导的打药 6.18 次，说明受过指导的农民掌握防治技术比未受过指导的好些；但看不出指导次数多少对该技术采用的明显影响。

第三，对施肥技术的影响。

如果按施肥重量计算的话，入户指导次数不同的农民的施肥比例都不合理，都是化肥偏多，农家肥偏少。受过指导 1~4 次的农民的化肥施用比例最高，达到 37%。看不出入户指导次数对化肥施用比例的影响。

粮食作物施肥方式及比例问题，未受过入户指导的农民比例较为合理，而受过入户指导的农民基肥施用比例偏高、追肥比例偏低，因为入户指导主要针对蔬菜种植，指导粮食作物很少，未受过入户指导的农民比例较为合理估计是凭借经验所致。所以看不出入户指导次数对该技术的影响。关于蔬菜的施肥方式和比例，未受过入户指导的农民基肥和追肥比例为 50：50，属于基肥比例偏低；受过 1~4 次指导的比例为 67：33，也属基肥比例偏低；受过 5 次以上指导的农民比例为 76：23，比例合理。说明随着入户指导次数的增加，蔬菜施肥方式和比例会逐渐趋于合理。

在秸秆处理方式上，未受过入户指导的农民 87% 采用"直接翻田"的形式，13% 采用"焚烧"；受过 1~4 次指导的 62.5% 采用"翻田"，25% 采用"焚烧"；参加 3 次以上培训的没人采用"翻田"，90% 的采用"焚烧"，表明入户指导的技术不包括秸秆处理技术。该情况同样说明推广秸秆处理技术的紧迫性。

四、新农村建设对种植业技术采用的影响

1. 农村环境对种植业技术采用的影响（表 5 - 4）

第一，对粮食品种的影响。

在种植小麦品种上，对居住地表示"满意"和"基本满意"的人主要种植 9428 和烟农 19。对环境治理表示"脏乱差"和"较干净整洁"的人主要种植 9428，表示"干净整洁"的人种植 9428 和烟农 19。在玉米的种植品种上，对居住地表示"满意"的人主要种植农大 189、京玉 7 号农大 84、农大 108、纪元 1 号，表示"基本满意"的人主要种植农大 84、农大 108、中单 28。对环境治理表示"脏乱差"的人主要种植农大 84，对环境治理表示"较干净整洁"的人主要种植京玉 7 号、农大 84、农大 108、纪元

表5-4　农村环境对种植业技术采用的差异

项目	分项	居住地基础设施				环境综合治理	
		满意	基本满意	不满意	脏、乱、差	较干净整洁	干净整洁
亩产量	小麦（公斤）	332	291	250	267	305	331
	玉米（公斤）	497	523	—	525	509	500
品种	小麦	9428、京农7号、烟农19	9428、烟农19	9428	9428	9428	9428、烟农19
	玉米	农大189、京玉7号、农大84、农大108纪元1号	农大84、农大108		农大84	京玉7号、农大84、农大108、纪元1号	农大189、中单28、京玉7号、农大108、农大84
打药次数	粮食（次）	1.65	1.9	2	1.3	1.8	1.87
	蔬菜（次）	6.7	6.6	—	—	6.6	6.53
施肥比例	化肥（%）	26.6	25.56	50	43.33	28	23.96
	农家肥（%）	73.4	74.44	50	56.67	72	76.04
粮作施肥方式及比例	基肥（%）	75.8	73.57	74	75	78.12	74.44
	追肥（%）	24.2	26.43	26	25	21.88	25.56
蔬菜施肥方式及比例	基肥（%）	67.1	78.33	—	—	73.3	65
	追肥（%）	32.1	21.67	—	—	26.7	35
秸秆处理方式	直接翻田（%）	36.36	48	100	100	30.61	57.89
	焚烧（%）	59.09	40	0	0	63.26	31.57
	与禽畜混合沤肥（%）	4.55	8	0	0	4.08	10.54
	作饲料（%）	0	4	0	0	2.04	0

1号，对环境治理表示"干净整洁"的人主要种植农大189、京玉7号、中单28、农大84、农大108、纪元1号。种植品种较为相似，未看出较大的差异。

在亩产量上，对居住地表示"满意"的农民的小麦亩产量高于"基本满意"和"不满意"；对居住地表示"基本满意"的人的玉米亩产量高于"满意"。对环境治理表示"干净整洁"的人的小麦亩产量高于"脏乱差"和"较干净整洁"，对环境治理表示"脏乱差"的农民的玉米亩产量高于"干净整洁"和"较干净整洁"。

第二，对打药技术的影响。

在病虫害问题上，对居住地表示"满意"的人的粮食作物打药次数为1.65次，表示"基本满意"的人为1.9次，"满意"的次数少于"基本满意"，说明对基础设施"满意"的农民的打药技术比"基本满意"的人掌握的稍好些。对环境治理表示"较干净整洁"和"干净整洁"的人的粮食作物打药次数均为1.8次左右，无大的差别。在蔬菜的打药次数上，各种环境因素的人的打药次数均为6.6次左右。以上分析未看出环境因素对病虫害防治情况构成明显影响。

第三，对施肥技术的影响。

在施肥比例上，大部分农民的比例为：化肥在25%～28%，农家肥在72%～75%。这个比例如果以重量进行计算的话，应该是化肥施用偏多，农家肥使用偏少，这样既造成环境污染、使土地板结，又会使农产品品质下降。但在"对居住地基础设施不满意"和"认为环境脏乱差"的人中，施用化肥的比例高达43%～50%，农家肥只有50%～56%，虽说这样的农民不多，但至少说明农村中还有一部分人施用化肥的量太大。

关于粮食作物施肥方式，调查样本一般是基肥74% ~78%、追肥22% ~26%。关于蔬菜施肥方式，一般是基肥65% ~78%、追肥22% ~35%。这种比例大致是合理的，看不出环境因素对作物施肥方式无明显影响。

在秸秆处理方式上，对"居住地基础设施满意"的农民36.36%采取"直接翻田"，59.09%采取"焚烧"；对"居住地基础设施基本满意"的农民有48%采取"直接翻田"，40%采取"焚烧"；对"居住地基础设施不满意"的农民100%采取"直接翻田"，没人采取"焚烧"。说明对居住地基础设施的满意度对"秸秆焚烧"呈负影响，基础设施越好，采取"秸秆焚烧"的人越多。在环境综合治理上，认为"脏乱差"的农民没人采取"焚烧"，认为"较干净"的农民63.26%采用"焚烧"，认为"干净"的农民31.57%采取"焚烧"，未看到环境的干净程度对秸秆还田的明显影响。由此看出，调查村镇的农村环境建设未将秸秆焚烧列入环境治理的重点，这在今后的秸秆处理技术推广中有待加强。

2. 农民业余文化生活对种植业技术采用的影响（表5-5）

第一，对粮食品种的影响。

从亩产量看，闲暇时喜欢读书看报的人亩产量相对较高，小麦300公斤，玉米525公斤。喜欢参加文娱活动的人亩产量较低，小麦237公斤，玉米450公斤，明显低于喜欢参加技术培训的农民（小麦309公斤，玉米515公斤）。可见，文化学习和技术培训对提高产量呈正影响。

第二，对打药技术的影响。

在闲暇时看电视和读书看报的人粮食作物打药次数大体相同，都是 1.7 次左右，粮食亩产没有大的差别；串门聊天的人打药次数稍多，为 2.25 次，粮食亩产与看电视和读书看报的差不多。喜欢参加"科学文化知识学习"、"农业技术培训"和"副业技术培训"的农民粮食作物打药次数大体相同，都是 1.7 次左右，粮食亩产没有大的差别，小麦 300 多公斤，玉米 500 多公斤；喜欢文娱活动的农民粮食作物打药次数偏多，为 2.17 次，且粮食亩产也偏低，小麦 237 公斤，玉米 450 公斤。说明看电视和读书看报的农民、喜欢学习和受培训的农民具备病虫害防治经验更多些。

在蔬菜病虫害防治中，各种类型的农民打药的次数大体相同，说明农民的业余文化生活对蔬菜打药次数无明显影响。

第三，对施肥技术的影响。

在施肥比例上，各类农民大都是化肥 23% ~ 27%、农家肥 73% ~ 77%，如果是按重量计算的话，属于施用化肥偏多。但"喜欢参加副业技术培训"的人是化肥 36%，施用化肥的比例就更高了。

在粮食和蔬菜的施肥方式上，各类农民一般采用基肥和追肥方式，基肥和追肥的比例也是合理的。

在秸秆的处理上，闲暇时看电视、串门聊天、读书看报和喜欢参加技术培训的农民有 42.86% 采用"直接翻田"形式，51.43% 采用"焚烧"，还配有"沤肥"等形式；"喜欢参加科学文化知识学习"的农民 18.75% 采用"直接翻田"，78.12% 采用"焚烧"，"焚烧"比例最高；"喜欢参加副业技术培训"的农民 66.66% 采用"直接翻田"，16.67% 采用"焚烧"，"焚烧"比例最低。此情况说明农民需要多方面的技术培训，其中包含秸秆处理技术的培训，单纯的农业技术已不能满足现代农业生产的需要。

表5-5　农民业余文化生活对种植业技术采用的差异

项　目	分　项	闲暇做的事情			喜欢参加的集体活动			
		看电视	串门聊天	读书看报	科学文化知识学习	农业技术培训	副业技术培训	文娱活动
亩产量	小麦（公斤）	304	300	300	300	309	310	237
	玉米（公斤）	509	508	525	518	515	500	450
打药次数	粮食（次）	1.67	2.25	1.7	1.5	1.75	1.75	2.17
	蔬菜（次）	6.26	6.67	8.8	6.68	6.59	6	7
施肥比例	化肥（%）	24.3	23.2	27.5	26.8	24.61	35.63	16
	农家肥（%）	75.7	76.8	72.5	73.2	75.39	64.37	84
粮作施肥方式及比例	基肥（%）	76.3	67.5	78.3	76.7	75.4	80	70
	追肥（%）	23.7	32.5	21.7	23.3	24.6	20	30
蔬菜施肥方式及比例	基肥（%）	71.1	77.2	71.7	71.3	70	70	80
	追肥（%）	28.9	22.8	28.3	28.7	30	30	20
秸秆处理方式	直接翻田（%）	42.86	36.36	42.1	18.75	39.06	66.66	71.43
	焚烧（%）	51.43	54.54	52.6	78.12	54.69	16.67	28.57
	与禽畜混合沤肥（%）	4.28	9.09	5.3	3.13	4.69	16.67	0
	作饲料（%）	1.43	0	0	0	1.56	0	0

五、小　结

通过分析新闻媒体、农民合作组织、推广服务和新农村建设等四种外部因素对种植粮食品种选用、打药、施肥及秸秆处理等技术采用情况的影响，得出如下阶段性小结。

1. 品种方面

调查样本在品种上无太大的差别，小麦一般是9428和烟农19，玉米一般是农大108、农大84、京玉7号、纪元1号、农大189、中单28等，其中农大108是已濒临淘汰的品种，但目前很多调查样本仍在种植。调查也发现成立农合组织对作物良种选用有一定的影响，但在媒体手段、推广、新农村建设方面未发现明显影响。

粮食亩产量：经调查，一般小麦的亩产在 300 多公斤，玉米在 500 多公斤。成立农合组织对小麦亩产有一定的影响。现场讲解、培训次数多、入户指导次数、文化学习和技术培训对亩产呈正影响，现场讲解越多、入户指导越多、培训越多，粮食亩产越高。

2. 打药次数

拥有电脑的农民、经过集中听课、现场讲解和发放资料培训的农民、看电视和读书看报、喜欢学习和受培训的人打药技术采用较好。培训次数对蔬菜打药次数呈负影响，培训次数越多打药次数越少。

3. 施肥技术

如果以施肥重量来计算的话，从总的施肥比例看，调查样本呈现化肥比例高、农家肥比例低的现状。长此以往，将会导致环境污染、土壤板结等严重后果，减少化肥施用技术将成为今后推广工作的重点。

作物施肥方式和比例：农合组织、培训次数、入户指导次数等对蔬菜施肥方式呈正影响，农合组织作用越大、参加培训次数越多、入户指导次数多，蔬菜的施肥方式和比例就越趋于合理。一般的农民对粮食施肥方式及比例较为合理，未看到合作组织、媒体对粮食施肥方式的明显影响。未看到媒体、环境、农民业余文化生活对粮食和蔬菜的施肥方式的明显影响。

4. 秸秆处理

调查样本的秸秆处理方式主要是直接翻田和焚烧。在一般情况下，调查样本采用直接翻田的人数比例在 50%，焚烧也大致在

50%。焚烧会造成严重的环境污染，所以，现在大力提倡秸秆直接翻田，既可以提高土壤肥力，也可减少污染。但从调查情况看，采用焚烧的农民的人数还很多，今后在推广工作中应将秸秆处理作为一项重要内容来抓。在采取直接翻田的人中，拥有电脑的人、参加集中听课的人比例较多。

第二节　外部因素对养殖业技术采用的影响

一、新闻媒体对养殖业技术采用的影响（表5－6）

1. 对配种技术的影响

各种媒体在配种方式上没有大的区别，自然配种和人工授精比较均衡，各占50%左右。

2. 对饲料技术的影响

对饲料的影响，笔者主要分析了添加剂。在添加剂问题上，3种媒体形式差别不大。在禁用添加剂的使用上，都是只有30%左右的人知道，将近70%的人不知道。在限用添加剂的使用上，几乎是100%的人不知道。

3. 对防疫技术的影响

在疫苗的注射上，大部分的农民已可以自己注射。拥有电视和电话的人都是88%的人自己注射，12%的人兽医注射；拥有电脑的人已完全掌握了注射技术，达到100%。

在兽药问题上，3种媒体形式差别不大。90%以上的人表示不知道禁用兽药，100%的人表示不知道限用兽药。

表 5 – 6　新闻媒体对养殖业技术采用的差异　　　　　　　（％）

项　目	分　项	电　视	电　脑	电话/手机
配种方式	自然	51.35	50	51.35
	人工授精	48.65	50	48.65
禁用添加剂	知道	31.25	30	31.25
	不知道	68.75	70	68.75
限用添加剂	知道	3.12	0	3.12
	不知道	96.88	100	96.88
疫苗注射	自己	87.87	100	87.87
	兽医	12.13	0	12.13
禁用兽药名	知道	6.06	0	6.06
	不知道	93.94	100	93.94
限用兽药名	知道	0	0	0
	不知道	100	100	100
畜舍理想环境	知道	100	100	100
	不知道	0	0	0
畜舍选址原则	知道	81.81	80	81.81
	不知道	18.19	20	18.19
停药期	知道	84.84	90	84.84
	不知道	15.16	10	15.16
畜舍所能分区	有	84.84	100	84.84
	没有	15.16	0	15.16
畜舍质量	简易型	63.63	60	63.63
	专门设计	36.37	40	36.37
专门处理设施	有	69.69	70	69.69
	没有	30.31	30	30.31

关于停药期，3 种媒体形式没有太大的差别。拥有电视和电话的人比例相同，85％的人表示知道；拥有电脑的人比例略高，

90%的人表示知道。

4. 对养殖设施技术的影响

关于畜舍的理想环境、选址原则、畜舍质量和专门处理设施等，3种媒体形式差别不大。100%的人对畜舍的理想环境表示知道；在选址原则上，大约80%的人表示知道，20%表示不知道；约60%的家庭的畜舍还是简易型，40%的畜舍是经过专门设计的；约70%的畜舍建造了专门处理设施，另30%的畜舍未建造专门处理设施。在畜舍功能分区方面，拥有电视和电话的农民近85%表示畜舍有功能分区，而拥有电脑的农民则100%表示有分区。

二、农民合作组织对养殖业技术采用的影响（表5-7）

1. 对配种技术的影响

农民合作组织对人工授精技术的采用起着重要作用。没成立合作组织的村镇农民只有41%采用人工授精技术，成立了合作组织但未发挥作用的村镇的农民采用人工授精技术上升到67%，成立了合作组织且发挥较好作用的村镇农民采用该技术已实现了100%。由此看到农民合作组织对配种技术的采用是有正影响的。

2. 对饲料技术的影响

关于禁用添加剂，50%及以上的农民表示不知道禁用添加剂。在知道禁用添加剂知识的人中，农民合作组织的成立与否对农民了解该知识有一定的区别，在没成立合作组织的村镇，只有26%的人表示知道该知识，而在成立合作组织的村镇，40%以上的农民表示知道该知识。关于限用添加剂，没成立和发挥作用不太好的合作组织的村镇农民100%不知道限用添加剂，只有合作组织发挥很大作用的村镇农民才有50%了解该知识。农民合作组织的作用度对添加剂技术的采用呈正影响，合作组织发挥作用越好，了解添加剂技术的人越多。

表5－7　农民合作组织对养殖业技术采用的差异　　　　　　　（％）

项　目	分　项	没成立	没发挥作用	发挥较好作用	发挥很大作用
配种方式	自然	59.09	33.33	0	0
	人工授精	40.91	66.67	100	100
禁用添加剂	知道	26.31	50	40	50
	不知道	73.69	50	60	50
限用添加剂	知道	0	0	0	50
	不知道	100	100	100	50
疫苗注射	自己	85	100	80	100
	兽医	15	0	20	0
禁用兽药名	知道	5	0	20	0
	不知道	95	100	80	100
限用兽药名	知道	0	0	0	0
	不知道	100	100	100	100
畜舍理想环境	知道	85	100	100	50
	不知道	15	0	0	50
畜舍选址原则	知道	100	100	100	100
	不知道	0	0	0	0
停药期	知道	80	50	100	100
	不知道	20	50	0	0
畜舍所能分区	有	95	100	100	50
	没有	5	0	0	50
畜舍质量	简易型	60	50	40	50
	专门设计	40	50	60	50
专门处理设施	有	65	100	100	50
	没有	35	0	0	50

3. 对防疫的影响

未看到合作组织成立与否对疫苗注射技术的采用无明显影响。在畜禽病因问题上，合作组织成立与否还是有一定的区别的，没成立合作组织的村镇农民只有67%清楚畜禽病因，而成立了合作组织的村镇农民达到80%以上。关于兽药，合作组织成立与否对兽药知识的采用无明显差别，80%以上的农民表示不知道禁用兽药，100%的农民表示不知道限用兽药。

4. 对养殖设施的影响

在畜舍选址原则上100%的农民表示知道该项知识，未看出合作组织成立与否、合作组织作用大小的明显影响。

在调查样本中，绝大部分农民都对畜舍进行了分区。在停药期和专门处理设施上，合作组织成立与否带来不同的效果，成立合作组织的农民100%知道停药期和建造了专门处理设施，而未成立合作组织的农民则比例偏低些。

关于畜舍质量，合作组织成立与否的效果不大相同，未成立合作组织的农民只有40%对畜舍进行专门设计，而成立了合作组织的农民50%以上对畜舍进行专门设计。

值得一提的是，认为合作组织发挥很大作用的农民在停药期、畜舍功能分区、建造专门处理设施方面出现比例数据偏低的现象，笔者认为可能是合作组织在其他方面帮助了这类农民，使他们度过了难关，比如在销售上，但这类指标在问卷中未涉及。

三、推广服务对养殖业技术采用的影响（表5-8）

1. 培训方式对养殖业技术采用的影响

第一，对配种技术的影响。

集中听课的人数最多，但集中听课和发放资料的科技效果不明显，采取配种和人工授精的人大致持平，都在50%上下，未看到科技优势。现场讲解、科技下乡的科技效果较为明显，采取人

表5-8 推广因素对养殖业技术采用的差异

（%）

项 目	分 项	培训形式				参加培训次数			入户指导次数		
		集中听课	现场讲解	发放资料	科技下乡	0次	2~3次	3次以上	0次	1~4次	5次及以上
配种方式	自然	51.21	33.33	50	33.33	33.33	100	45.16	56.25	40	33.33
	人工授精	48.79	66.67	50	66.67	66.67	0	54.84	43.75	60	66.67
禁用添加剂	知道	25	50	22.22	33.33	100	40	21.42	77.77	20	66.67
	不知道	75	50	77.78	66.67	0	60	78.58	22.22	80	33.33
限用添加剂	知道	2.77		0	0	0	0	3.57	0	0	0
	不知道	97.23	100	100	100	100	100	96.43	100	100	100
疫苗注射	自己	89.18	100	88.88	100	100	100	86.2	80	80	100
	兽医	10.82		11.12	0	0	0	13.8	20	20	0
病因	知道	57.14	33.33	50	66.67	50	60	55.55	69.23	20	33.33
	不知道	42.86	66.67	50	33.33	50	40	44.45	30.77	80	66.67
禁用兽药名	知道	5.4	0	11.11	0	0	0	6.89	6.66	0	100
	不知道	94.6	100	88.89	100	100	100	93.1	93.34	100	0
限用兽药名	知道	0	0	0	0	0	0	0	0	0	0
	不知道	100	100	100	100	100	100	100	100	100	100
畜舍理想环境	知道	97.29	0	100	100	100	100	96.55	100	100	100
	不知道	2.71	100	0	0	0	0	3.45	0	0	0
畜舍选址原则	知道	81.08	83.33	66.67	66.67	100	100	79.31	73.33	20	100
	不知道	18.92	16.67	33.33	33.33	0	0	20.69	26.66	80	0
停药期	知道	86.48	83.33	77.77	100	100	80	86.2	86.66	80	100
	不知道	13.52	16.67	22.23	0	0	20	13.8	13.34	20	0
畜舍所能分区	有	83.78	100	100	100	100	80	86.2	93.33	100	100
	没有	16.22		0	0	0	20	13.8	6.67	0	0
畜舍质量	简易型	64.86	66.67	55.55	33.33	100	100	55.17	46.66	40	100
	专门设计	35.14	33.33	44.45	66.67	0	0	44.83	53.33	60	0
专门处理设施	有	72.97	83.33	55.55	66.67	100	100	68.96	66.66	80	100
	没有	27.03	16.67	44.45	33.33	0	0	31.04	33.33	20	0

工授精的人数是采取自然配种人数的 2 倍。

第二，对饲料技术的影响。

在限用添加剂上，集中听课、现场讲解和发放资料培训形式效果相同，都是 100% 不知道，但经过科技下乡培训的农民知道该知识的有 50%，说明科技下乡对农民了解限用添加剂知识起作用。关于禁用添加剂的培训效果，采用现场讲解和科技下乡取得的效果较好，50% 的农民表示知道禁用添加剂。其次是采取发放科技资料的形式，40% 的农民表示知道该知识。效果最差是集中听课形式，只有 26% 的农民表示知道。

上述情况说明，农民的眼睛能看到的、手能摸到的技术培训方式效果较好，而"大拨轰"、太抽象的培训方式效果较差。在限用添加剂知识的培训推广上是个漏洞，应加大力度宣传，使农民重视。

第三，对防疫技术的影响。

在疫苗注射技术上，几种培训形式取得的效果都不错，但经过现场讲解和科技下乡培训的农民掌握的更好 [16]，已达到 100% 的人可自己注射疫苗；而通过集中听课和发放资料培训的农民能自己注射的还不到 90%。

在禁用兽药的使用上，通过现场讲解和科技下乡培训形式的农民对禁用兽药 100% 表示不知道，通过集中听课的农民 95% 表示不知道，通过发放资料培训的农民情况好些，但也有近 90% 的人表示不知道。

在限用兽药的使用上，几种培训形式均未取得培训效果，100% 的农民表示不知道。

关于停药期，通过各种培训的农民大部分表示知道，其中通过科技下乡培训的农民 100% 表示知道，通过集中听课和现场讲解培训的农民 85% 左右表示知道，通过发放科技资料培训的农民表示知道的相对低一些，只有 78%。

第四，对养殖设施技术的影响。

关于畜舍的理想环境，通过各种培训的农民几乎 100% 表示知道。

在选址原则上，通过集中听课和现场讲解形式的农民掌握较好，达到 80% 以上；而通过发放资料和科技下乡形式的农民较低，67% 的农民表示知道。

关于畜舍的功能分区，经过各种培训的农民大部分对畜舍进行了分区，经过现场讲解、发放资料和科技下乡培训农民已达到 100%，经过集中听课培训的农民稍低，达到 84%。

在畜舍的建造上，经过科技下乡培训的农民有 67% 对畜舍进行了专门设计，通过发放科技资料的农民达到 44%，而通过集中听课和现场讲解培训的农民只有 30% 多。

在畜舍专门处理设施上，经过现场讲解培训的农民 83% 表示有专门处理设施，经过集中听课培训的农民有 73%，经过科技下乡培训的农民达到 67%，通过发放资料的农民只有 55% 表示有专门处理设施。

2. 参加培训次数对养殖业技术采用的影响

第一，对配种技术的影响。

绝大部分的农民参加培训都在 3 次以上，采用人工授精技术的人为 54%；参加培训在 2~3 次的调查样本没有人采用人工授精技术，说明参加培训次数多取得的效果好于培训次数少的。

调查样本中，未参加培训的农民采用人工授精技术达到了

67%，据他们讲，他们这两年未参加培训，培训是在两年前。

第二，对饲料技术的影响。

在禁用添加剂问题上，未经过培训的农民 100% 知道禁用添加剂，经过 2~3 次培训的 40% 知道，而经过 3 次以上培训的只有 21% 知道。在一般情况下，经过培训越多，掌握知识的人越多，但上述情况违背了常理，可能是培训的内容不是饲料知识，在添加剂培训上是个空白，知道该知识的农民可能是通过其他方式获得的。在限用添加剂上，几乎是 100% 的人不知道。

第三，对防疫技术的影响。

关于疫苗注射技术，大部分农民已掌握技术自行注射，但也有些人没有掌握，而且都是参加过 3 次以上培训的人员，说明组织培训时针对个别农民要强化训练。

关于病死畜禽的病因，参加培训次数不同的农民表示"知道"的比例大致相同，都在 50%~60%，说明参加培训次数对疫病知识无明显影响。

关于禁用兽药，几乎 100% 的农民表示"不知道"，表示"知道"的个别农民都是参加培训 3 次以上的。说明参加培训次数多对了解禁用兽药还是有些效果的。

在限用兽药问题上，参加培训次数不同的各类农民 100% 表示"不知道"。

关于停药期，80% 以上的农民表示"知道"，说明参加培训次数对停药期知识无明显影响。

第四，对养殖设施技术的影响。

关于畜舍的理想环境，接近 100% 的农民表示"知道"。关于畜舍的功能分区，80% 以上的农民进行了分区。在畜舍质量问题上，未参加培训和参加 2～3 次的农民 100% 是"简易型"畜舍，参加培训 3 次以上的农民 45% 已对畜舍进行专门设计。说明参加培训次数对畜舍质量呈正影响，参加培训次数越多，越多的人愿意改善畜舍质量。在专门处理设施建造上，未参加培训和参加 2～3 次的农民 100% 建造了专门处理设施，参加培训 3 次以上的农民只有 69% 建造了专门处理设施。看不出培训次数对建造专门处理设施的明显影响。

3. 入户指导次数对养殖业技术采用的影响

第一，对配种技术的影响。

大部分的农民未受到入户指导，采用人工授精技术的占 44%，受过 1～4 次入户指导的农民采用该技术达到 60%，受过 5 次以上入户指导的农民采用该技术达到 67%。说明入户指导对农民采用配种技术有正的影响，入户指导次数越多，采用配种技术的人越多。

第二，对饲料技术的影响。

关于禁用添加剂，未受到入户指导的农民只有 14.3% 知道该知识，受过 1～4 次知道的达到 20%，受过 5 次以上指导的农民 67% 表示"知道"该知识。说明入户指导次数与禁用添加剂知识的掌握人数呈正影响，入户指导次数越多，掌握该知识的人越多。关于限用添加剂，100% 的人不知道。

第三，对防疫技术的影响。

从疫苗注射技术看，大部分的农民已能自己注射，入户次数在 5 次以上（包括 5 次）的已达到 100%，5 次以下的也达到了 80%。说明入户指导次数与注射技术呈正影响，指导次数越多，掌握注射技术的农民也越多。

关于病死畜禽的病因，未接受过指导的农民 69% 表示"清楚病因"，接受 1~4 次指导的农民 20% 表示"清楚"，接受 5 次以上指导的 33% 表示"清楚"。未看到入户指导次数对疫病知识的明显影响。

关于禁用兽药，几乎 100% 的农民表示"不知道"。关于限用兽药知识，100% 的农民表示"不知道"。

关于停药期，80% 以上的农民表示"知道"。入户指导次数在 5 次以上的农民 100% 表示"知道"停药期，说明入户指导次数对停药期知识呈正影响，指导次数越多，知道停药期的人越多。

第四，对养殖设施技术的影响。

关于畜舍的理想环境，100% 的农民表示"知道"。

关于畜舍选址原则，未受到入户指导的农民 73% "知道"，受到指导 1~4 次的人 80% "知道"，受到指导 5 次以上的人 100% "知道"。说明入户指导次数对选址原则呈正影响，入户指导次数越多，知道畜舍选址原则的人越多。

关于畜舍功能分区问题，几乎 100% 的人的畜舍都有分区，未看到入户指导次数的明显影响。

在畜舍质量上，未受过入户指导的农民只有 53% 对畜舍进行了专门设计，受过 1~4 次指导的农民达到 60%，但受过 5 次以上指导的农民却没有人对畜舍进行专门设计，这可能是这样的农民文化水平较低（没上学和小学毕业），没有充分认识到专门设计畜舍的优越性。

在专门处理设施的建造上，呈现出受入户指导次数越多建造专门处理设施的农民越多的局面，如未受过指导的农民 67% 建造了专门设施，受过 1~4 次指导的达到 80%，受过 5 次以上的已达 100% 。

四、新农村建设对养殖业技术采用的影响（表 5 - 9）

1. 农村环境对养殖业技术采用的影响

第一，对配种技术的影响。

在对居住地基础设施的满意度问题上，几乎 100% 的人表示满意和基本满意。在表示满意的农民中，人工授精配种技术的采用达到 67%，而在表示基本满意的农民中，该技术的采用只得到 40%，说明基础设施建设在新技术采用过程中是起着正向作用的，满意度越高配种技术采用越好。

在环境综合治理情况看，回答干净和较干净的农民占绝大多数，回答脏、乱、差的只有很少的几个人。回答"脏、乱、差"的农民的人工授精配种技术采用只有 25%，回答"较干净"的农民该技术采用达到 60%，回答"干净"的农民该技术采用达到 37.5%。说明环境治理对新技术的采用起着推动作用的，但环境干净整洁的程度如何对配种技术的采用无明显效果。

第二，对饲料技术的影响。

在禁用添加剂知识的了解上，最多是 30% 左右。对居住地基础设施表示满意的农民回答"知道"的比率为 27%，表示基本满意的农民回答"知道"的稍高些，也只是 31%；认为环境干净整洁的农民回答"知道"的比率只有 12.5%，认为环境比较干净整洁的农民回答"知道"的比率为 29%。

在对限用添加剂知识的了解上，绝大多数的农民回答"不知道"，只有 4% ~6% 的人回答"知道"。

表 5 –9　农村环境对养殖业技术采用的差异　　　　　　　　　　　　　　（%）

项　目	分　项	居住地基础设施			环境治理整洁度		
		满意	基本满意	不满意	脏、乱、差	较干净整洁	干净整洁
配种方式	自然	33.33	60	50	75	40	62.5
	人工授精	66.67	40	50	25	60	37.5
禁用添加剂	知道	26.67	31.25	100	33.33	29.17	12.5
	不知道	73.33	68.75	0	66.67	70.83	87.5
限用添加剂	知道	6.67	0	0	0	4.76	0
	不知道	93.33	100	100	100	95.24	100
疫苗注射	自己	93.33	88.23	100	100	90.9	75
	兽医	6.67	11.77	0	0	9.1	25
禁用兽药名	知道	6.67	5.88	—	0	9.09	0
	不知道	93.33	94.12	—	100	90.91	100
限用兽药名	知道	0	0	—	0	0	0
	不知道	100	100	—	100	100	100
畜舍理想环境	知道	93.33	76.47	—	66.67	86.36	87.5
	不知道	6.67	23.53	—	33.33	13.64	12.5
畜舍选址原则	知道	100	94.12	—	100	100	100
	不知道	0	5.88	—	0	0	0
停药期	知道	93.33	70.59	—	100	81.82	75
	不知道	6.67	29.41	—	0	18.18	25
畜舍所能分区	有	86.67	76.47	—	100	81.82	87.5
	没有	13.33	23.53	—	0	18.18	12.5
畜舍质量	简易型	40	88.23	—	100	59.09	50
	专门设计	60	11.77	—	0	40.91	50
专门处理设施	有	93.33	47.06	—	66.67	63.64	100
	没有	6.67	52.94	—	33.33	36.36	0

　　由上分析结果看到，饲料添加剂问题在北京不容乐观，只有为数不多的农民掌握相关的知识。同时还发现，对饲料添加剂知识的了解，那些在基础设施满意、环境治理干净整洁地方的农民反而比那些在基础设施不十分满意、环境治理不很干净整洁的地方的农民少，说明基础设施及环境治理好的地区在饲料添加剂知

识的推广方面存在欠缺。

第三，对防疫技术的影响。

在疫苗注射技术上，大部分农民已能自己进行疫苗注射。在对居住地基础设施表示"满意"的人中，93%的农民自己注射疫苗，表示"基本满意"的人中达到88%。认为居住地环境"干净整洁"的农民75%自己注射疫苗，认为居住地环境"较干净整洁"的农民已达到91%。

在病死畜禽的病因认识上，只有50%稍多些的农民表示"清楚"。在对居住地基础设施表示"满意"的人中，53%的人表示"清楚"，表示"基本满意"的人中达到60%；认为居住地环境"干净整洁"的农民55%回答"清楚"，认为居住地环境"较干净整洁"的农民表示"清楚"的比例最高，达75%。

关于停药期，在对居住地基础设施表示"满意"的人中，93%的人表示"知道"停药期；在对居住地基础设施表示"基本满意"的人中，76%的人表示"知道"。认为居住地环境"干净整洁"和"较干净整洁"的农民表示"知道"停药期大致持平，都在86%～87%。

关于禁用兽药的知识，只有很少的农民表示"知道"，90%以上的人均表示"不知道"。在限用兽药的使用上，情况更为严峻，调查样本100%表示"不知道"。

由上可以看出，北京郊区的基础设施建设和村镇环境治理搞得很好，但环境因素对防疫技术的采用影响不明显。该地区防疫工作中有关疫苗注射技术、停药期知识的推广普及效果较好，绝大部分的农民已掌握并已在实践中采用，但关于禁用兽药和限用兽药知识的推广普及还存在很大的漏洞，在很多人的头脑中还是空白，这需要推广人员花大力气堵这个漏洞。

第四，对养殖设施技术的影响。

关于畜舍的理想环境，90%以上的农民表示"知道"，说明农民居住的环境对此影响不大。

关于畜舍的选址原则问题，大部分人表示"知道"。对居住地基础设施表示"满意"的人中，93%的人表示"知道"，表示"基本满意"的人中只有71%；认为居住地环境"脏、乱、差"的农民100%"知道"选址原则，认为居住地环境"较干净整洁"的农民82%回答"知道"，认为居住地环境"干净整洁"的农民表示"知道"选址原则的比例只有75%。

关于畜舍功能分区问题，大部分农民对畜舍进行了功能分区。对居住地基础设施表示"满意"的人中，87%的人表示"有"分区，表示"基本满意"的人为76%；认为居住地环境"脏、乱、差"的农民100%"有"分区，认为居住地环境"较干净整洁"的农民为82%，认为居住地环境"干净整洁"的农民为87.5%。

关于畜舍质量，只有一部分人对畜舍进行了专门设计，较多的人还停留在简易型水平上。对居住地基础设施表示"满意"的人中，60%的人对畜舍进行"专门设计"，表示"基本满意"的人为12%；认为居住地环境"脏、乱、差"的农民都没有对畜舍进行专门设计，认为居住地环境"较干净整洁"的农民为41%，认为居住地环境"干净整洁"的农民为50%。

在畜舍专门处理设施的建造上，对居住地基础设施表示"满意"的人中，93%的人有专门处理设施，表示"基本满意"的人为47%；认为居住地环境"脏、乱、差"的农民66%建造了专门处理设施，认为居住地环境"较干净整洁"的农民为63%，认为居住地环境"干净整洁"的农民为100%。

由上可知，北京郊区养殖业设施建设情况比较好，绝大多数的农民对畜舍的理想环境、选址原则、功能分区等技术性问题掌握较好。农民对居住地的基础设施的满意度对畜舍选址原则、功能分区、畜舍质量及专门处理设施等呈现正影响，即对基础设施满意度越高，知道选址原则、有功能分区、专门设计畜舍、建造专门处理设施的人越多；反之则越少。环境综合治理的干净程度对畜舍选址原则呈负影响、对畜舍质量及专门处理设施等呈现正影响，环境越好，知道选址原则的人越少；环境越好，专门设计畜舍、建造专门处理设施的人越多。

2. 农民业余文化生活对养殖业技术采用的影响（表5-10）

第一，对配种技术的影响。

农民在闲暇时主要是看电视、开门聊天和读书看报，看电视是调查样本一般要做的事情。从人工授精技术采用情况看，看电视的人采用比例最高，达50%；其次是读书看报的人，达42%；最后是串门聊天的人，是36%。

农民的集体活动主要是农业技术培训、科学文化知识学习和副业技术培训。农业技术培训是绝大多数农民喜欢的活动，而且通过农业技术培训的人采用人工授精技术的比例也是最高的，达44%；喜欢科学文化知识学习的人虽少些，但这些人文化素质相对较高，采用人工授精技术的比例也较高，达43%；喜欢副业培训的农民采用该技术的比例低些，达37.5%。

由上可知，京郊农民的素质很高，他们没有太多的不良嗜好，他们喜欢看电视、喜欢读书读报、喜欢接受各种形式的学习，这些优点给农技推广工作提供了很好的前提条件，在新技术的传播过程中应充分利用电视这一媒体手段，将有关的技术信息传播出去，让农民认可这些技术。然后组织各种形式的培训，使农民尽快掌握并在实践中采用。

表5-10　农民业余文化生活对养殖业技术采用的差异　　　　　　　（%）

项　目	分　项	闲暇时喜欢做的事情			喜欢参加的集体活动			
		看电视	串门聊天	读书看报	科学文化知识学习	农业技术培训	副业技术培训	文娱活动
配种方式	自然	50	63.63	58.33	57.14	56.25	62.5	100
	人工授精	50	36.37	41.67	42.86	43.75	37.5	0
禁用添加剂	知道	30.3	10	30	40	28.57	25	0
	不知道	69.7	90	70	60	71.43	75	100
限用添加剂	知道	3.03	0	0	0	3.57	0	0
	不知道	96.97	100	100	100	96.43	100	100
疫苗注射	自己	88.23	100	90	66.67	89.65	87.5	100
	兽医	11.77	0	10	33.33	10.35	12.5	0
禁用兽药名	知道	6.25	0	10	0	6.89	0	0
	不知道	93.75	100	90	100	93.11	100	100
限用兽药名	知道	0	0	0	0	0	0	0
	不知道	100	100	100	100	100	100	100
畜舍理想环境	知道	100	100	100	100	100	100	100
	不知道	0	0	0	0	0	0	0
畜舍选址原则	知道	82.35	80	80	83.33	79.31	100	50
	不知道	17.65	20	20	16.66	20.69	0	50
停药期	知道	85.29	70	100	100	82.75	87.5	25
	不知道	14.71	30	0	0	17.25	12.5	75
畜舍所能分区	有	85.29	60	100	100	82.75	87.5	75
	没有	14.71	40	0	0	17.25	12.5	25
畜舍质量	简易型	61.76	80	60	50	68.96	75	100
	专门设计	18.24	20	40	50	31.04	25	0
专门处理设施	有	70.58	50	80	83.33	65.51	75	25
	没有	29.42	50	20	16.66	34.49	25	75

第二，对饲料技术的影响。

喜欢看电视和喜欢读书看报的农民对禁用添加剂知识了解相对较多，达到了30%。在喜欢参加技术培训的农民中，对该项知识的了解也接近30%。

关于限用添加剂问题，几乎是100%的人表示"不知道"。

以上可知，农民通过看电视、读书看报以及参加技术培训可以获得更多的饲料禁用添加剂方面的知识，推广人员在进行技术推广时，可以更多地借助电视、书报等形式以及组织更多针对性较强的培训，使更多的农民了解此项知识，更安全地使用添加剂。

第三，对防疫技术的影响。

关于疫苗的注射技术，农民闲暇时看电视、聊天、读书看报等几种形式无大的差别，"看电视"的人自己注射疫苗的达88%，"串门聊天"的达100%，"读书看报"的达90%。但通过农民喜欢的集体活动进行分类，疫苗注射技术的采用存在一定的差别，喜欢参加"农业技术培训"的农民自己注射疫苗的达90%，参加"副业技术培训"的农民达87.5%，而参加"科学文化知识学习"的农民自己注射疫苗的只有67%，因为疫苗注射是一项实实在在的技术，需要经过培训动手实践，"科学文化知识学习"只是对知识的学习，未进行足够的动手实践。

对病死畜禽的病因，闲暇时"看电视"的农民62.5%的表示"清楚"，"读书看报"的60%表示"清楚"，而"串门聊天"的只有44%"清楚"。喜欢参加"农业技术培训"的农民67%表示"清楚"，喜欢"科学文化知识学习"只有33%的人表示"清楚"。

关于停药期的问题，闲暇时"看电视"的农民85%表示"知道"，"读书看报"的100%表示"知道"，而"串门聊天"的只有70%"知道"。喜欢参加"农业技术培训"的农民83%表示"知道",喜欢"科学文化知识学习"100%的人表示"知道",喜欢"副业技术培训"的农民87.5%表示"知道"。

对禁用兽药知识的了解,为数不多的农民"知道"禁用兽药,而且这些"知道"的人是"看电视"、"读书看报"和喜欢参加"农业技术培训"的人。在限用兽药知识的了解上,情况与前相同,100%的调查样本表示"不知道"。

由上可知,在防疫工作中,农民业余生活中"看电视"、"读书看报"和"参加农业技术培训"起着非常大的作用。推广人员要在动物疾病介绍,尤其是禁用兽药和限用兽药知识的介绍方面投入较大的精力,充分利用电视、书刊和组织技术培训班等农民喜闻乐见的形式进行推广传播,以收到更好的效果。

第四,对养殖设施技术的影响。

关于畜舍理想环境,不论农民喜欢哪种闲暇活动,都是100%的人"知道"。关于畜舍选址原则,80%以上的人表示"知道"。

关于畜舍功能分区,只有"串门聊天"的人比例偏低,60%的人有分区,其余的人80%以上进行了分区,闲暇时"读书看报"和喜欢"参加科学文化知识学习"的人进行分区的比例达到了100%。

关于畜舍质量,只有少部分人对畜舍进行了专门设计,较多的人还停留在简易型水平。闲暇时"读书看报"和喜欢"参加科学文化知识学习"的人都畜舍进行专门设计的比例相对较高,"读书看报"达到40%,喜欢"参加科学文化知识学习"达到50%。

关于专门处理设施的建造,也是"串门聊天"的人比例偏低,50%的人建造了专门处理设施,闲暇时"读书看报"和喜欢"参加科学文化知识学习"的人进行分区的比例较高，"读书看报"达到80%，喜欢"参加科学文化知识学习"达到83%。

由上看到，关于畜舍理想环境和选址原则，农民掌握的效果都不错，农民的业余文化生活对之影响不大。在畜舍功能分区、畜舍质量和专门处理设施的建造上，则显示出"读书看报"和"参加科学文化知识学习"的优势，因为设计畜舍和建造专门处理设施的知识含量比较高，知识面比较宽，单纯的农业知识就不够用了，所以，在推广工作中，不仅要让农民学会农业知识，还要让他们学会与农业相关的知识，提高农民的综合科技素质。

五、小　结

通过上述对养殖业各项技术采用情况的外部因素分析，得出如下阶段性结论。

1. 配种问题

农民合作组织、参加培训次数、入户指导次数、基础设施建设对配种技术的采用是有正影响，合作组织发挥作用越大、培训次数、入户指导次数越多、基础设施满意度越高，采用配种技术的人越多。

现场讲解、科技下乡、闲暇时看电视、参加技术培训和文化学习的农民的科技效果较为明显，采取人工授精的人数比例较高。媒体手段、环境干净整洁的程度、集中听课和发放资料的科技效果不明显，未看到科技优势。

2. 饲料问题

在适时调整饲料配方方面情况较好，调查样本都知道按时调整配方。但在添加剂问题上，主要以购买添加剂预混合饲料为主，养殖者技术掌握情况总体情况不好，多数人不知道禁用添加剂和限用添加剂。

在知道添加剂知识的人群中，但合作组织的成立、入户指导次数对添加剂问题呈正影响，成立了合作组织作用越大、入户指导次数越多，知道添加剂的农民人数越多。

采用现场讲解和科技下乡、通过看电视、读书看报以及参加技术培训可以获得更多的饲料禁用添加剂方面的知识，效果较好。

3. 防疫问题

①在疫苗注射技术方面，绝大多数的人掌握了疫苗注射技术，未发现各因素的明显影响。②在兽药的使用方面，大多数农户主要依靠兽医开方，90%以上的农民不知道禁用兽药和限用兽药，未发现各因素的明显差别。③在停药期方面，大多数农民掌握停药期情况较好。入户指导次数对停药期知识呈正影响，指导次数越多，知道停药期的人越多。

4. 养殖设施

①关于畜舍的理想环境，几乎100%的农民表示知道，未看出外部因素的明显影响。②在选址原则上，现场指导、集中听课的效果较好，通过发放科技资料的效果较差。入户指导次数、基础设施的满意度对选址原则呈正影响，指导次数越多、对基础设施越满意，知道畜舍原则的人越多。环境综合治理的干净程度对畜舍选址原则呈负影响，环境越好，知道选址原则的人越少。③在畜舍功能分区方面，农民对居住地的基础设施的满意度对功能分区呈现正影响，对基础设施满意度越高，有功能分区的人越多。从媒体手段比较，拥有电脑的农民进行分区比例高于拥有电视和电话的；从培训手段比较，现场指导、集中听课的效果较好，通

过发放科技资料的效果较差。从农民业余文化生活比较，喜欢"读书看报"和"参加科学文化知识学习"的人进行分区的较多。④在畜舍质量上，参加培训次数、农民对居住地的基础设施的满意度、环境综合治理的干净程度对畜舍质量呈现正影响，参加培训次数越多、对基础设施满意度越高、环境越好，专门设计畜舍的人越多。从农民业余文化生活比较，喜欢"读书看报"和"参加科学文化知识学习"的人更多地对畜舍进行专门的设计。⑤在专门处理设施建造上，入户指导次数、农民对居住地的基础设施的满意度、环境综合治理的干净程度对专门处理设施呈现正影响，即入户指导次数越多、对基础设施满意度越高，环境治理越好，建造专门处理设施的人越多。通过现场指导和集中听课的、喜欢"读书看报"和"参加科学文化知识学习"的人建造专门处理设施的比例较大，但通过发放科技资料的农民建造专门处理设施的比例偏低。

第六章　结论和政策建议

第一节　主要结论

农业推广是农业科技进步过程中一个不可缺失的重要环节。农业技术成果要变成现实生产力，必须经过一定的方式、方法、手段传递到农业生产者手中，进而被应用于农业生产。农民农业技术的采用情况直接决定农业生产的效率、水平和能力；农民农业技术的采用又受到各种各样因素的影响和制约。总体来看，北京市广大农民的农业技术采用状况和农业技术推广工作处于全国先进行列，但仍然存在若干明显的弱点和制约因素，急需继续加强。通过前几章的分析，本章得出如下结论。

1. 农业技术推广本质上是由政府向农民提供的公共服务，农民采用新技术是一个受各种内、外部因素影响的复杂过程

农业推广是通过实验、示范、干预、沟通等方式组织与教育农民学习知识、转变态度、提高采用和传播农业新技术的能力，以改变其生产条件，提高产品产量，增加收入，改善生活质量，从而达到培养新型农民、促进农村社会经济发展的目的。农业推广理论主要包括农业创新扩散理论、协同学原理等，与行为学理论、公共产品理论相联系。农民采用新技术会受到内、外部因素

的影响：内部因素主要包括户主文化程度、户主年龄、家庭收入、家庭劳动力等；外部因素主要包括新闻媒体、农民合作组织、培训形式、参加培训次数、入户指导次数、农村环境、农民业余文化生活等。

2. 良种、设施及配套种养技术采用程度较高，但食品安全和环境保护技术采用程度较低

京郊农民主要种植粮食和蔬菜，其中粮食主要是小麦和玉米。品种使用较为集中，良种覆盖率达到很高程度，只有个别农户仍使用濒临淘汰品种。病虫害防治知识采用较好。施肥方式较为合理，粮食作物和蔬菜主要采用基肥和追肥方式；养殖农户主要养猪，生猪良种化率较高，养殖全部采用配混合饲料。总体看农户在良种选用、饲料配方、疫苗注射、畜舍的选址和功能分区、作物病虫害防治、施肥方式等技术采用情况较好，但仍然存在如下突出问题：化肥施用比重大、50%的农民对秸秆进行焚烧，50%的农民未掌握人工授精技术。由于农户主要采用购买添加剂预混料和依靠兽医开方的方式，大多数农民不知道禁用添加剂和限用添加剂、90%以上的农户不知道禁用兽药和限用兽药，且无用药记录。只有34%的农民对畜舍进行了专门设计，66%的还是简单型畜舍，60.7%的人未建造粪污处理设施等。

3. 农业技术推广工作物化技术和人员培训并重，作用显著，农民满意，但推广部门在人员素质、推广经费和推广条件方面仍然存在很大差距

大部分的农民在畜种购入、防疫、粮食及蔬菜良种的购入、作物病虫害防治等方面都很依赖推广员和农技部门。同时，农技部门将蔬菜、养殖等方面的知识对农民进行了大量的培训与讲解，

增强农民的实践能力。绝大部分的农民每年接受的培训都在 3 次以上，主要是针对蔬菜技术和养殖技术的培训，参加粮食生产培训的很少；培训形式主要是集中听课、现场讲解和发放科技资料。入户指导也主要集中在蔬菜种植上，其次是养殖技术，指导粮食生产较少，农民反映对生产有帮助，对指导效果表示满意或基本满意。但基层的科技推广人员工资低、待遇差；缺少青年科技骨干人才，基层推广队伍弱化。同时在日常的工作中，缺乏足够的推广经费和必要的物质条件，如缺少宣传车、缺少经费对新兴技术进行试验示范等，只能用传统的方法去推广较为新型的技术，使推广工作推广效率和推广效果受到一定影响。

4. 内部影响因素中，农民文化程度、收入水平对农户某些种养技术的采用有正影响，劳动力年龄对技术采用有负影响

农民的文化程度对配种技术、畜舍技术成正影响，文化程度越高，采用人工授精的人越多，懂得畜舍环境、选址原则、建造专门处理设施的人数越多。收入水平对配种技术、畜舍技术呈正影响，收入越高，采用人工授精技术的人越多；收入越高，懂得畜舍理想环境、功能分区和专门设计畜舍的人越多。年龄与配种技术、养殖设施技术与打药次数呈负影响，年龄越小，采用人工授精技术、懂得畜舍选址、专门设计畜舍的人越多，但农作物打药次数也越多，说明年轻人愿意从事养殖业，对养殖技术掌握情况较好。家庭劳动力数与秸秆处理技术、施肥方式呈正影响，家庭劳动力越多，秸秆处理技术、施肥技术采用越好；家庭劳动力数与配种技术、畜舍技术呈负影响，家庭劳动力越多，采用人工授精技术的人越少，懂得畜舍环境、畜舍选址的人越少。说明家庭劳动力多的农民采用种植技术较好，家庭劳动力少的农民采用养殖技术较好。

97

5. 外部影响因素中，现场指导和集中听课方式、培训次数、入户指导次数对农民技术采用的影响较为突出，农村环境对养殖技术的采用影响较大

培训次数对蔬菜打药次数呈负影响，培训次数越多，打药次数越少。培训次数对蔬菜施肥方式、畜舍质量呈正影响，培训次数越多，蔬菜施肥方式越趋合理，专门设计畜舍的人越多。入户指导次数对蔬菜施肥方式、配种技术和畜舍技术的采用呈正影响，入户指导次数越多，蔬菜施肥方式越趋合理，采用人工授精技术、畜舍选址原则、畜舍功能分区、建造畜舍专门处理设施的人越多。经过现场指导和集中听课人农民采用打药次数、采用畜舍技术效果较好。关于打药次数，粮食作物为 1.6 次左右，蔬菜作物为 6.5~6.6 次。关于畜舍选址原则，经过现场讲解的农民 83.33% 知道，集中听课的农民 81.08% 知道；关于专门处理设施，经过现场讲解的农民 83.33% 有该设施，集中听课的农民是 72.97%。农村环境（对基础设施的满意度）对养殖技术的采用呈正影响，对周边环境基础设施的满意度越高，采用人工授精技术、懂得畜舍理想环境、选址原则、功能分区、畜舍质量、建造专门处理设施的人越多。

6. 北京市农业技术推广对农业市农业的发展起到了突出作用，但调整推广重点，加强农业技术推广体系建设的任务仍然十分迫切和繁重

尽管目前北京市在农业生产水平、农业和农村基础设施、农业科技研发、农民收入以及农民素质等方面处于全国先进水平，但农民对农产品质量和农村环境保护技术采用的低下将会对北京都市型现代农业发展构成较大威胁，加大农业科技推广体系建设，

强化农产品质量和农村环境保护技术的推广将成为北京市农业发展中农业技术推广必须关注的环节和任务。

第二节　政策建议

1. 以科学发展观为指导，加快实施科技兴农战略

北京地处首都，经济高度发达，各级农业科研和教学机构云集在此，在科技、资金和技术上占有得天独厚的优势条件，但也伴随着土地和劳动力成本高的不利条件，这就需要不断加大科技在生产上的应用，依靠科技的力量实现增产增收。在此背景下，推广工作要以科学发展观为指导，树立"以人为本，协调发展"的现代推广理念，以农民为根本，以农民为核心，在充分考虑国家政策法规与市场需要的前提下着重考虑农民的实际需要；不但要考虑广大农户的群体需要，还要考虑单个农户的个体需要，努力将推广工作纳入科研、转化、应用等整个农业科技系统，增强推广工作活力，提高推广工作质量与效率。

2. 围绕北京农业布局的整体规划，合理确定推广目标和工作内容

根据《北京城市总体规划（2004 年—2010 年)》关于农业的发展的总体要求，农技推广工作应树立"广义推广"的观念，实现五个转变：从增加产量技术向提高质量方向转变；从粮食向蔬菜园艺和养殖业转变；从生产环节技术向产前产后技术转变；从单纯技术推广向市场服务、金融服务和农民教育方面转变；从提高科技素质向综合文化素质和提升能力方面转变。

3. 加大投入，强化乡镇推广职能

乡镇级推广机构连接着"推广—农民"，是整个推广工作的重

要环节。乡镇农技推广机构应结合当地农业发展规划、推广计划和农民的需要，普及农业技术知识、开展多种形式的技术服务。技术推广属公益性活动，应得到国家财政的大力支持。但现在乡镇推广机构在条件建设上还很薄弱，资金和人员都很缺乏。建议在财政经费允许的前提下，主管部门每年应给乡镇推广机构拨付足额的推广经费，以满足推广工作所需的人员和日常公用费用，配备必要的推广设备，如电脑、宣传车等。同时，积极引入试验项目，用项目经费进行试验、推广、示范，以弥补推广经费不足的问题。要以项目做引导，以项目作支撑。在不断引进新生力量的同时，采取多种方式提高现有科技推广员的文化素质和业务水平，逐步改变过去人员少、年龄大、文化低的局面，更新推广人员的人员结构、年龄层次和知识层次。

4. 制定有效的行动方案，强化农产品质量安全的推广工作

第一，制定以提高农产品质量为核心的食品安全指标，逐步建立科学、完备的农产品质量安全体系。第二，优化农产品市场运行机制。加快建立和完善市、区（县）两级农产品质量检测体系、监督检测制度和质量跟踪制度，开展无公害农产品、绿色农产品、有机农产品认证制度。鼓励农产品优质优价，打击假冒伪劣产品，建立以诚信为基础的市场交易体系。第三，大力宣传农产品质量安全的重要性和紧迫性，制定农产品质量安全技术推广宣传方案，派专人到村镇讲授农产品质量安全的知识，并配以发放和粘贴宣传资料等形式，将化肥、农药、兽药及饲料添加剂的知识源源不断地传授给农民。

5. 结合化肥施用和秸秆处理，切实抓好农村环境保护工作

在化肥施用上，通过集中讲课、发放宣传资料等形式对化肥

施用知识进行广泛的宣传，使农民知道多施用化肥的害处；对已经板结的土壤采取"倒茬"，以缓解土壤肥力；鉴于当地农家肥数量少的实际情况，主管部门应提倡施用适合当地土壤特点的测土配方施肥，并给予相应补贴，以减少化肥用量；推广人员要定期对土壤进行检测，及时发现问题及时采取措施。在秸秆处理上，使用宣传手段让农民知道秸秆是资源、秸秆焚烧的害处；当地要根据特点制定合理利用秸秆规划，探索适合当地特点的秸秆处理方式，如饲料、肥料、燃料、食用菌基料和工业原料等；建立秸秆利用的激励机制，提高秸秆的商品化水平。同时还要做好其他方面的环保工作，如：建造适合的排污设施，减少污染物的排放，保护水资源；禁止乱砍滥伐，保护植被资源。

6. 运用现代科学技术，加速农村信息化建设

农业技术推广网络是农业技术信息发布的平台，是连接科技成果、推广部门和农民的中间桥梁。要光缆入村、网络入户，各级信息研发部门要及时提供农业生产所需的信息产品，为远程教育提供必要的信息服务。针对目前农民人均电脑占有率低、用途单一的特点，利用家电补贴政策，扩大农民电脑拥有率。培训农民有关电脑的基本知识，引导农民将电脑的用途向获取农业信息和学习技术分向转变，以提高电脑使用率。丰富信息内容，根据农民和农业需求，有针对性地提供科技信息，加大农产品质量、农业可持续发展等方面的内容。

7. 针对农民接受新技术的特点和技术推广中的问题，及时调整推广策略

养殖业方面，通过提高农民的文化程度、现场指导、增加培训次数和入户指导次数等方法提高配种技术的采用，通过提高农

民收入水平和居住地的基础设施满意度使养殖设施加以改善。种植业方面，增加现场讲解、培训次数、入户指导次数、文化学习和技术培训等方式来改善农药、施肥等技术。针对农民喜欢接受那些"看得见、摸得着"的技术的特点，大力发展农业田间学校、科技协调员等推广模式，把技术摆在农民的面前，让推广人员和农民面对面地交流，手把手地传授，真正解决从科技到农民的"最后一公里"问题，实践证明效果很好。

8. 搞好农村文化教育事业，提高农民整体素质

要针对不同人群、采取多种形式搞好大规模农村培训教育。青年人文化水平高、思想活跃，敢于冒险，善于接受新事物，可让他们多学习些较新的技术，如生物技术，目的是将他们培养为新型农民；中年人文化水平相对低，生活负担重，抵御外来风险相对较弱，可让他们学习较为成熟的实用技术，实现增产增收；老年人年事已高，对新技术接受较慢，不适宜从事过多的农业生产，可培训他们进行农村社区生活环境治理、改善社区和邻里间的沟通环境、信息传播网络建设等。在培训教育形式上，对居住地域较集中的，可采取举办培训班、推广俱乐部等进行集中学习；对于居住地域分散的，可充分发挥信息网络的作用搞远程教育，及时将科技资源送到农村、送入农民手中。大力发展农村文化事业，实现村村开办文化室、社区设立文化中心，充分发挥电视这一大家喜爱的媒体手段，增加农村广播的节目频道和播放时间，使有线电视基本覆盖所有行政村。

参考文献

1. 蔡桦. 农民科技信息获得的渠道. 农业网络信息, 2005, 7: 50 - 52.

2. 曹建民, 胡瑞法, 黄季馄. 技术推广与农民对新技术的修正采用农民参与技术培训和采用新技术的意愿及其影响因素分析. 中国软科学, 2005, 6: 66 - 67.

3. 曹建民, 胡瑞法, 黄季馄. 农民参与科学研究的意愿及其决定因素. 中国农村经济, 2005, 10: 28 - 34.

4. 常向阳, 姚华锋. 农业技术选择影响因素的实证分析. 中国农村经济, 2005, 10: 36 - 42.

5. 陈红卫. 论新时期农业推广中农民行为规律变化及对策. 中国农学通报, 2005, 7: 428 - 430.

6. 董建平, 曹彬, 吴运胜. 浅议农业推广活动中的农民行为问题. 陕西农业科学, 2004, 2: 60 - 61.

7. 范素芳, 王爱丽, 张倩. 农业专家大院技术推广模式. 管理观察, 2008, 8: 146 - 147.

8. 高启杰. 中国农业技术创新模式及其相关制度研究. 中国农村观察, 2004, 2: 53 - 60.

9. 高启杰. 农业推广学. 北京: 中国农业大学出版社, 2003.

10. 高启杰. 农业推广模式研究. 北京: 北京农业大学出版社, 1994.

11. 高启杰, 朱希刚. 中国农业技术推广模式研究. 北京: 中国农业科技出版社, 2000.

12. 高启杰. 现代农技推广学. 北京：中国科学技术出版社，1997.

13. 高启杰. 推广经济学. 北京：中国农业大学出版社，2001.

14. 高启杰. 农业技术推广中的农民行为研究. 农业科技管理，2000，1：28－30.

15. 管红良，汤锦如，戴云梅. 农民采用新技术过程、文化素质和推广方法关系的研究. 农业科技管理，2005，2：41－43.

16. 国务院关于深化改革加强基层农业技术推广体系建设的意见（国发［2006］30号）.

17. 韩锦绵. 亟需突出农民在建立农业科技创新体系中的主体地位. 农村经济，2002，8：6－7.

18. 韩康. 公共经济学概论. 华文出版社，2006.

19. 何竹明. 农技推广应用中农户参与行为及其影响因素研究.［硕士学位论文］. 杭州：浙江大学，2007.

20. 胡应良. 大力提高农民对农业科技的有效需求. 农村发展论丛理论版，1998，12：13－14.

21. 姜太碧. 农技推广与农民决策行为研究. 农业技术经济，1998，1：1－6.

22. 雷宁志. 障碍农户科技需求的五大因素. 农业经济问题，1994，4：54－55.

23. 李丹. 乡镇农技人员的推广行为影响因素研究.［硕士学位论文］. 杭州：浙江大学，2005.

24. 李人庆. 科技特派员制度的社会创新特征. 中国农村科技，2007，10：30－32.

25. 李世峰，吴九林，刘蓉蓉，等. 实施"农业科技入户"工程—刍议农技推广模式创新. 河北农业科学，2008，12：161－163.

26. 罗伟雄，丁振京，等. 发达国家农业技术推广制度. 北京：时事出版社，2001.

27. 孔祥智，庞晓鹏，马九杰，等. 西部地区农业技术应用的效果、安全性及影响因素研究. 北京：中国农业出版社，2005.

28. 史清华. 农户经济活动及行为研究. 北京：中国农业出版社，2001.

29. 史亚军，黄映晖. 北京农业科技现状分析与发展. 北京农业，2007，6：1-4.

30. 宋维明. 管理学原理. 北京：中国林业出版社，2002.

31. 宋秀琚. 国外农业科学技术推广模式及借鉴. 社会主义研究，2006，6：118-120.

32. 汤锦如. 农业推广学. 北京：中国农业出版社，2004.

33. 王崇桃，李少昆，韩伯棠. 关于农民对农业技术服务需求的调查与分析. 农业技术经济，2005，4：55-59.

34. 王德海、胡春蕾. 北京市农业推广体系现状、问题及发展对策. 中国农业大学学报（社会科学版）2004，1：40-44.

35. 王慧军. 农业推广学. 北京：中国农业出版社，2003.

36. 王琦. 提高农民科技需求对策研究. 沈阳农业大学学报（社会科学版），1999，9：221-224.

37. 汪三贵，等. 技术扩散与缓解贫困. 北京：中国农业出版社，1998.

38. 吴远彬，王敬华. 农业科技110是服务"三农"的有效途径. 农业科技通讯，2007，1：5-6.

39. 谢永坚，张树春，吕云波，等. 农业技术推广模式的探索—农业科技合作社. 黑龙江农业科学，2006，6：61-64.

40. 邢大伟. 重视农民技术需求 加强农业科技推广. 江西农业大学

学报，2001，12：207－209.

41. 熊银解，傅欲贵，等.农业技术创新　扩散　管理.北京：中国农业出版社，2004.

42. 徐勋华.农民采用先进农业科技的制约因素分析.湖南农业大学学报（社会科学版），2001，3：22－24.

43. 鄢万春.农户对农业科技服务选择行为的实证研究.［硕士学位论文］.武汉：华中农业大学，2007.

44. 尹丽辉.创造科技需求与推动科技进步.农业科技管理，2000，3：9－10.

45. 殷醒民.技术扩散效应论.上海：复旦大学出版社，2006.

46. 余海鹏，孙娅范.农户科技应用的障碍分析与对策选择.农业经济问题，1998，10：23－25.

47. 袁文.北京市农业推广体系发展与改革研究.［硕士学位论文］.北京：中国农业大学.2004.

48. 张兵，周彬.欠发达地区农户农业科技投入的支付意愿及影响因素分析.农业经济问题，2006，1：40－44.

49. 张改清，张建杰.我国农户科技需求不足的深层次透析.山西农业大学学报社会科学版，2002，1：314－316.

50. 张舰，韩纪江.有关农业新技术采用的理论及实证研究.中国农村经济，2002，11：54－60.

51. 张小明.当前农民科技需求分析.陕西农业科学，2003，4：42－44.

52. 赵家华，曾朝华，夏敏.农业技术推广的重大变革－农民田间学校.四川农业科技，2005，9：12.

53. 郑文琦.技术外包模式在农业技术推广中的应用研究.吉林农业

科学，2008，33（3）：62－65.

54. 郑永敏. 农业推广协同和发展理论. 杭州：浙江大学出版社，2008.

55. 中共中央国务院关于 2009 年促进农业稳定发展农民持续增收的若干意见，2009.

56. 中共中央国务院关于积极发展现代农业扎实推进社会主义新农村建设的若干意见，2007.

57. 中共中央国务院关于切实加强农业基础建设进一步促进农业发展农民增收的若干意见，2008.

58. 中共中央国务院关于推进社会主义新农村建设的若干意见，2006.

59. 中共中央关于推进农村改革发展若干重大问题的决定，2008.

60. 《中共中央关于推进农村改革发展若干重大问题的决定》辅导读本. 北京：人民出版社，2008.

61. 中华人民共和国农技推广法，2002.

62. 朱明芬，李南田. 农户采用农业新技术的行为差异及对策研究. 农业技术经济，2001，2：26－29.

63. 朱希刚，赵绪福. 贫困山区农业技术采用的决定因素分析. 农业技术经济，1995，5：18－26.

64. H. 阿尔布列希特，等. 农业推广——基本概念与方法. 北京：北京农业大学出版社，1992.

65. 奈尔特·罗林. 推广学. 北京：北京农业大学出版社，1991.

66. V. N. 巴拉舒伯拉曼雅姆，桑加亚·拉尔. 发展经济学前沿问题. 北京：中国税务出版社，2000.

附录　农户调查表

调查员姓名_____　　调查时间_____

地点：_____县_____乡（镇）_____村，

姓名_____；联系电话_____。

一、基本情况

1. 您的文化程度？

A. 没上过学　B. 小学　C. 初中　D. 高中　E. 中专

F. 大专及以上

2. 您的年龄？

A. 18 以下　B. 18～40　C. 40～60　D. 60 以上

3. 您家现有_____口人，劳动力_____人；男劳动力_____

人，年龄____；女劳动力_____人，年龄____；外出打工_____

人，年龄____。一年外出打工多长时间？每天的工钱是多少？

4. 目前您家庭年收入为：

A. 5000 元以下　　B. 5 000～10 000 元　　C. 10 000～20 000

元　　D. 20 000～50 000　　F. 50 000 元以上

5. 总收入中，下列产业各占多少比例

A. 种植业　B. 养殖业　C. 家庭副业　D. 乡镇企业

E. 外出打工　F. 旅游业

二、种植业

品种

1. 您家种植多少亩粮食？面积最大的是哪种？

2. 什么品种？有什么特性？

3. 种子从哪里购买？

A. 农技站　B. 种子公司　C. 集贸市场

D. 与邻居串换　E. 自留种

4. 这个品种的种植比例有多大？亩产多少？

5. 与其他农户相比高还是低？主要原因是什么？

A. 品种不适　B. 施肥偏多、倒伏减产

C. 施肥偏少产量潜力没发挥出来　D. 施肥配比不当

E. 播种/施肥/灌水不及时　F. 病/虫害

G. 施肥管理得当

6. 准备如何解决这些问题？

7. 粮食收获后是否好卖？价格是多少？与其他品种比价格是否高一些？

8. 种植多少亩经济作物？面积最大的是哪个？

9. 什么品种？有什么特性？

10. 种子从哪里购买？

A. 农技站　B. 种子公司　C. 集贸市场

D. 与邻居串换　E. 自留种

11. 这个品种种植的比例有多大？亩产多少？

12. 与其他农户相比高还是低？主要原因是什么？

A. 品种不适　B. 施肥偏多、倒伏减产

C. 施肥偏少产量潜力没发挥出来　D. 施肥配比不当

E. 播种/施肥/灌水不及时　F. 病/虫害　G. 施肥管理得当

13. 准备如何解决这些问题？

14. 收获后是否好卖？价格是多少？与其他品种比价格是否高一些？

15. 您家种植多少亩蔬菜？

16. 种子从哪里购买？

A. 农技站　B. 种子公司　C. 集贸市场　D. 与邻居串换

E. 自留种

17. 亩产是多少？与其他种植户相比是高还是低？

18. 主要是什么原因？

A. 品种不适　B 管理不及时　C. 肥料配比不当

E. 病/虫害重　F. 施肥管理得当

19. 准备如何解决这些问题？

20. 蔬菜收获后是否好卖？价格是多少？与其他品种比价格是否高一些？

21. 您家种植多少亩果树？亩产多少？

22. 与其他种植户相比是高还是低？什么原因？

A. 品种不适　B. 修剪/管理不及时　C. 肥料配比不当

E. 病/虫害重　F. 施肥管理得当

23. 这些问题如何解决？

24. 水果收获后是否好卖？价格是多少？与其他品种比价格是否高一些？

病虫害防治

1. 您家从什么地方购买农药来防治病虫害？

A. 农技站　B. 农药门市部　C. 庄稼医院　D. 集贸市场

E. 其他

2. 粮食和经济作物生长期间打几次农药？

3. 喷药效果怎样？停止打药后多少天收获？

4. 蔬菜和果树生长期间打几次农药？停止打药后多少天采摘？

5. 什么时候打和怎么打药？这些知识从那里获得的？

A. 农技推广员　　B. 农药部门

C. 科技资料　　　D. 邻居

E. 自己经验积累　F. 广播电视收音机

施肥

1. 您家每年使用的化肥和农家肥所占比例？

2. 今年一共购买多少化肥？

其中：尿素_____？磷肥_____？钾肥_____？

3. 粮食作物一般每亩施多少？

4. 什么时候施？怎么施？比例是多少？

5. 经济作物一般每亩施多少？

6. 什么时候施？怎么施？比例是多少？

7. 果树一般每亩施多少？

8. 什么时候施？怎么施？比例是多少？

9. 蔬菜一般每亩施多少？

10. 什么时候施？怎么施？比例是多少？

11. 收获后的作物秸秆

A. 直接翻入田里　　B. 焚烧

C. 与畜禽粪混合沤制有机肥

D. 用作饲料　　E. 出售

所占比例各占多少？

三、养殖业

畜种

1. 当前养殖（牛/羊/猪/鸡/鸭/鹅/兔/水产）多少头/只？

2. 使用什么品种？从哪里购买？

A. 畜牧站　B. 良种繁育场　C. 集贸市场

D. 从邻居家购买　E. 自繁留种

3. 有什么特性？该良种在您所养殖的畜种中占多大比重？

4. 与其他养殖户相比出是高还是低？主要是什么原因？

A. 品种不好　B. 饲料营养跟不上

C. 圈舍的温湿度控制不当　E. 疫病　F. 养殖密度过大

G. 品种优良　H. 技术得当

5. 主要采用哪种配种方式？

A. 自然交配　B. 人工授精　C. 胚胎移植

6. 配种费用？

饲料

1. 饲料配制中自配与自加工所占比例？

2. 自配饲料的饲料配方来源？

3. 购买配合饲料多少？

4. 购进饲料原料多少？

5. 购买饲料添加剂多少？

6. 请列出一些禁用添加剂的名字？

7. 请列出一次限制性添加剂的名字？

防疫

1. 从什么地方获得强制性免疫疫苗？

2. 从什么地方购买商业性疫苗和兽药？

A 兽医站　B 市场　C _____

3. 是否有专门的兽医？疫苗主要由自己打还是兽医人员打？

A. 有　B. 没有

4. 打什么疫苗、什么时候和怎么打的知识从那里获得？

A. 兽医推广员　B 兽医站　C. 科技资料　D. 邻居

E. 自己经验积累

5. 治疗畜禽疾病的药方主要是：

A. 自己开　B. 兽医开　C. 询问有经验的人

6. 是否有详细的用药纪录？A. 有　B. 没有

7. 去年病死多少畜禽？

8. 病因是否清楚？A. 清楚　B. 不清楚

9. 病死畜禽怎么处理？

A. 出售　B. 坑埋　C. 焚烧　D. 扔掉

10. 请列出一些禁用兽药的药名？

11. 请列出一次限制性兽药的药名？

养殖

1. 您是否在畜禽饲养的不同阶段适当调整畜禽饲料配方？

A. 是　B. 否

2. 您是否知道畜禽在不同饲养阶段畜舍的理想温度、湿度、光照？

A. 知道　B. 不知道

3. 您是否知道畜舍选址的一些基本原则？这些原则是什么？

A. 知道　B. 不知道

4. 您是否知道兽药在畜产品出售前需要一个停药期？请列出一些关键性兽药的停药期？

畜舍

1. 您家现在饲养的畜禽畜舍面积有多大？

2. 畜舍是否有一定的功能分区？

3. 畜舍距离公路多少里？

4. 畜舍与最近的养殖场（户）的距离是多少里？

5. 畜舍与您家的住所是否分开？距离是多远？

6. 畜舍的质量是：A. 简易型　B. 专门设计建设

7. 如果是专门设计建造投资是多少？

污染处理

1. 是否有专门的粪便处理设施和污水排放池？

2. 是否有粪便资源化利用设施和设备（如沼气处理设施等)？

3. 造价是多少？能处理多大比例的粪便？

4. 粪便和污水有多大比例由养殖户自己送到农田？

5. 粪便有多大比例由附近农民主动到场拉到农田？

6. 如果农民自己来拉，是否收钱，收费标准是多少？

7. 污水和粪便有多大比例自由流到周围农田、河道？

8. 您家实施科学养殖的关键制约因素是什么？

A. 畜种　B. 饲料　C. 防疫　D. 畜舍建造　E. 粪污处理

9. 您认为能否解决？如何解决？

四、技术推广与培训

1. 您每年主动参加科技人员或者相关专家的指导培训的次数为？

A. 从没有　B. 一次　C. 2~3次　D. 3次以上

2. 科技人员和专家指导的内容是什么？粮食、蔬菜、水果、畜牧、其他科技？

3. 科技人员和专家指导的具体形式是什么？

A. 集中农户到课堂听课

B. 专家或者农技推广人员到田间地头或者畜舍进行讲解

C. 发放技术资料　D. 科技下乡　E. 科技110

F. 科技特派员

4. 农业科技人员和专家来您家指导过几次？什么内容？

5. 参加相关技术指导或者培训后，您对指导或者培训的感觉是什么？

A. 不满意，没解决问题　B. 一般　C. 比较满意　D. 很满意

6. 您认为技术指导或者培训的效果怎样？

A. 听不懂　B. 听懂但不会用　C. 不实用　D. 有一定帮助

E. 有很大帮助

7. 如果免费组织农民技能培训，您最希望参加哪种培训？

A. 农产品加工技术　B. 电子机械技术　C. 手工工艺技术

D. 养殖技术　E. 种植技术

8. 农业生产合作组织/专业协会/中介机构在当地的作用？

A. 没成立　B. 没发挥应有的作用　C. 发挥较好作用

D. 发挥很大作用

五、社区建设

1. 您家乡的硬化道路情况完善吗？

A. 完善运行良好　B. 一般　C. 不完善　D. 没有

2. 农村环境综合治理情况？

A. 村容脏、乱、差　B. 村容较干净整洁　C. 村容干净整洁

3. 您家的房屋建造是否有图纸？　A. 有　B. 没有

4. 您对居住地的基础设施（路、水、电等）满意吗？

A. 非常满意　B. 满意　C. 基本满意　D. 不满意

5. 您家里有哪些电器？（可多选）

A. 电视　B. 洗衣机　C. 冰箱　D. 热水器　E. 电脑

F. 电话/手机　G. 以上都没有

6. 这些电器的使用效果怎样，电视、电话的信号好不好？

7. 喜欢收看哪个频道？什么电视节目？

8. 您家的电脑大多用来做些什么？有什么帮助？

9. 电话对您有什么帮助？

10. 您家做饭烧什么？

A. 柴、草　B. 煤气　C. 沼气　D. 煤　E. 其他

11. 您家用的什么水？

A. 自来水　B. 自己井里的水　C. 雨水　D. 外面挑的水

12. 您认为水质情况怎样？是否安全？

六、文化生活

1. 您觉得您的业余文化生活丰富吗？

A. 很丰富　B. 一般　C. 不丰富　D. 没有

2. 您闲暇时一般主要做什么事情？（可多选，并对选项排序）

A. 看电视　B. 听音乐　C. 串门、聊天　D. 读书、看报

E. 下棋　F. 参加村里组织的活动　H. 打牌（含麻将）

G. 地下六合彩

3. 当地政府部门组织集体性文化活动您最喜欢参加什么活动？
（可多选）

A. 科学文化知识学习　B. 农业技术培训

C. 副业技术培训　D. （智力）体育比赛

E. 唱歌、跳舞等文娱活动　F. 都不喜欢参加

4. 您对村里的哪些公共事务最关心？（可多选，并对选项排序）

A. 村民选举　　B. 村庄规划　　C. 财务收支状况

D. 科技教育　　E. 医疗卫生　　F. 计划生育

G. 集体福利　　H. 乡村文化建设　　I. 纠纷调解

J. 扶贫济困　　K. 治安管理　　L. 环境治理　　M. 其他